10. März 2019

W0470160

Liebe Sabrina,

vielen Dank
für Deine Unterstützung
bei meinem Buch.

Sei es durch Dein Korrekturlesen,
Deine guten Tipps und
konstruktiven Anregungen oder
einfach nur Deine
moralische Unterstützung.

So bist auch Du ein Teil
dieses Buches.

DANKE!

Heiko

INHALTSVERZEICHNIS

HEIKO T. CIESINSKI

KUNDENBRIEFE SIND WIE *LIEBESBRIEFE* – UND **E-MAILS** AUCH!

SPITZENREITER®
VERLAG

BIBLIOGRAFISCHE INFORMATION DER DEUTSCHEN BIBLIOTHEK

Die Deutsche Nationalbibliothek verzeichnet diese Publikation in der Deutschen Nationalbibliografie. Detaillierte bibliografische Daten sind im Internet über *http://dnb.dnb.de* abrufbar.

ISBN 978-3-947575-01-5

1. Auflage 2019

Alle Rechte vorbehalten.

Dieses Werk ist urheberrechtlich geschützt. Jede Verwertung außerhalb der gesetzlich geregelten Fälle ist ohne Zustimmung des Verlags unzulässig und strafbar. Dies gilt insbesondere für Vervielfältigungen, Übersetzungen, Mikroverfilmungen sowie das Speichern, Verarbeiten und Verbreiten durch elektronische Systeme.

Autor und Verlag haben dieses Buch sorgfältig geprüft. Für eventuelle Fehler wollen und können wir keine Gewähr und Haftung übernehmen. Wir sind Ihnen aber sehr dankbar, wenn Sie uns auf Fehler hinweisen.

© SPITZENREITER VERLAG

Heiko T. Ciesinski
Hansestraße 38
45721 Haltern am See
www.spitzenreiter-verlag.de
interesse@spitzenreiter-verlag.de

COVER- UND INNENGESTALTUNG:

Christiane Bertram – Pixeltante
www.pixeltante.com

Jessica Wenzel – Spitzenreiter Verlag

AUTORENFOTOS:

Jennifer Grube – Fotostudio Augenblick – *www.fotostudio-augenblick.com*

Jessica Wenzel – Spitzenreiter Verlag

VORWORT

Dieses Buch ist anders als all die Bücher, die es zu dem Thema Korrespondenz, moderne Korrespondenz, Geschäftskorrespondenz oder Schriftverkehr bereits gibt. Nach meinen Recherchen gibt es ca. 20 Bücher zu diesem Thema, also gar nicht so viele. Die meisten Bücher gehen das Thema eher rational an, was Sie bereits an den recht sachlichen Titeln erkennen. Und bei manchen Büchern habe ich das Gefühl, dass sie sich eher an Mitarbeiter von Behörden wenden, aber nicht an all die Menschen, die Kundenkontakt haben. Und hier denke ich nicht nur an Vertriebsmitarbeiter, sondern auch an Mitarbeiter aus den Bereichen Marketing, Kundenservice, Buchhaltung, an Geschäftsführer, Vorstände, Führungskräfte – und ich denke an die unterschiedlichsten Branchen. Ich denke an jeden, der schreibt und wenn es nur die kurze Nachricht per E-Mail ist. Und selbstverständlich ist beim Begriff „Mitarbeiter" immer auch die Mitarbeiterin gemeint. Die männliche Form wird nur benutzt, weil es einfacher zu lesen ist. Selbstverständlich sind Frauen dabei gleichrangig gemeint.

Bis auf eines habe ich kein Praxisbuch gefunden, indem der Leser die Inhalte in praktischen Übungen selbst umsetzen und damit verinnerlichen kann. Schreiben lernt man aber nun mal durch Schreiben. Und damit durch praktische Übungsaufgaben.

Und dann fehlt ein Buch, welches die Korrespondenz, den Schriftverkehr unter dem vertriebsorientierten Ansatz beleuchtet. Wenn Sie Ihrem Kunden etwas schreiben, dann möchten Sie etwas erreichen. Sie möchten, dass ein Kunde etwas tut

oder vielleicht auch unterlässt. Viele, die E-Mails oder Briefe versenden, möchten ihrem Gegenüber etwas verkaufen. Und auch im vertriebsorientierten Schriftverkehr werden Sie nur dann Erfolg haben, wenn Sie die Gesetze und Grundlagen des Verkaufens anwenden und umsetzen. Und dieses Buch, welches diesen vertriebsorientierten Ansatz in der Korrespondenz verfolgt, habe ich bisher nicht gefunden. Jetzt gibt es dieses Buch! Sie halten es gerade in Ihren Händen und Sie haben schon die ersten Zeilen gelesen. Machen Sie weiter! Dieses Buch wird Ihren kompletten Schriftverkehr an Ihre Kunden revolutionieren. Ich weiß es! Woher? Von den begeisterten Stimmen meiner Teilnehmer aus unzähligen Seminaren und Webinaren. Das erste Buch, welches Schriftverkehr und Verkauf miteinander verbindet.

Ach ja, ich schreibe dieses Buch in der Du-Form, nicht in der Sie-Form. Warum? Weil ich ein anderes Buch schreiben wollte als all die Bücher, die es schon gibt. Und weil man festgestellt hat, dass die Inhalte als Du-Botschaft viel besser vom Leser aufgenommen werden. Ich hoffe Sie, äh, Du kommst damit klar. Wenn nicht, dann stellen Sie sich einfach an den Stellen, wo ein „Du“ steht, ein „Sie“ vor. 🙂

Und nun viel Spaß & viel Erfolg beim Lesen und aktiven Mitarbeiten wünscht Dir

Vielen Dank an alle, die mich in Seminaren und Webinaren mit Ideen zu Formulierungen oder Gestaltungen inspiriert und Beispiele geliefert haben. Vielen Dank auch an mein fleißiges Mitarbeiter-Team. Ein dickes Dankeschön an Marianne, Michèle, Ann-Christin und Sabrina fürs Korrekturlesen und für Eure Anregungen. Einen ganz besonderen Dank an Chrissie und Jessica für die Gestaltung dieses Buches.

KAPITEL 1

WAS HABEN KUNDENBRIEFE MIT LIEBESBRIEFEN ZU TUN?

Kundenbriefe sind wie Liebesbriefe – und E-Mails auch. Bei diesem Titel schmunzeln ganz viele, insbesondere Frauen. Warum gerade Frauen? Dazu später mehr.

Kundenbriefe sind wie Liebesbriefe – eine ungewöhnliche, vielleicht irritierende, ja sogar provokante Aussage. Zumindest aber eine Aussage, die einen mal kurz nachdenken lässt, ob dies denn nicht vielleicht ein bisschen übertrieben ist. Denn ein Werbebrief, ein Angebot, eine Rechnung oder gar eine Mahnung haben doch nun wirklich nichts mit einem Liebesbrief zu tun!? Oder vielleicht doch?

Wie würdest Du einen Liebesbrief an Deine Liebste oder Deinen Liebsten schreiben? Würdest Du den Begriff „Liebesbrief" einfach mal bei Google eingeben und dann einen der angezeigten Texte einfach abschreiben? Oder würdest Du den Brief an die Vorgängerin nehmen, den Text kopieren, also einfach nur abschreiben und kurz noch den Namen austauschen? Und fertig ist der perfekte Liebesbrief!?

Auf diese Idee würde hoffentlich niemand kommen. Bei Menschen, deren Herz wir gewinnen wollen, bei Menschen, die uns wichtig sind, geben wir uns etwas mehr Mühe und benutzen kein Standardschreiben. Logisch. Also wahrscheinlich würdest Du Dir ein paar Gedanken machen, an wen Du schreibst, wer Deine Empfängerin oder Dein Empfänger ist. Dann schreibst Du persönlich und individuell abgestimmt auf die Adressatin oder den Adressaten Deines Liebesbriefes. Gefühlvoll, gefühlsbetont, sodass Dein Gegenüber sich auch wirklich angesprochen fühlt.

Und wie ist das, wenn Du als Kunde angeschrieben wirst? Spricht es Dich da nicht auch viel mehr an, wenn Du persönlich angeschrieben wirst, wenn Du das Gefühl hast, diese E-Mail ist keine Standard-E-Mail, sondern individuell nur für Dich geschrieben, weil der Absender vielleicht sogar ein paar Punkte anspricht, die schon am Telefon Thema waren? Und wie ist die Realität?

Wie läuft das denn, wenn Du ein Angebot an Deinen Kunden versendest? Benutzt Du da nicht auch ein Standardschreiben, welches Du schon zig Mal verwendet hast? Da wird gerade mal der Name ausgetauscht und dann geht das Angebot als Standard raus. Na klar, man hat ja auch keine Zeit sich da großartig Mühe zu geben. Der Kunde will das Angebot ja schnell haben.

Schließlich machen es ja alle so! Genau. Und wie willst Du Dich aus der Masse Deiner Wettbewerber abheben, wenn Du es genauso machst wie Deine Wettbewerber? Wenn Du es genauso machst wie alle anderen, dann gewinnst Du nicht mal mehr einen Blumentopf.

Wenn Du Dir etwas mehr Mühe gibst als die Anderen, wenn Du etwas anders schreibst als die Anderen, dann fällst Du auf in der Masse der langweiligen 08/15-Standard-Schreiben. So bleibst Du im Gedächtnis Deines Lesers. Und Du gewinnst eine Menge Sympathien bei Deinem Leser, sprich Interessenten und künftigen Kunden. Und musst am Ende weniger Angebote schreiben für den gleichen Erfolg. Macht doch Sinn, oder?

WIE TREFFEN MENSCHEN ENTSCHEIDUNGEN?

In Liebesdingen entscheiden wir emotional und deshalb schreiben wir natürlich auch emotional. Und wie ist das in der Geschäftswelt? Wie laufen im Verkauf die Entscheidungsprozesse ab? Emotional oder rational? Von unseren Gefühlen bestimmt und geleitet oder vom Verstand gesteuert und von der Vernunft geleitet?

Schätz jetzt bitte mal, wie Entscheidungen getroffen werden. Ja, ich weiß, das kommt drauf an. Es ist ein Unterschied, ob es sich um eine Frau oder einen Mann handelt. Und natürlich ist es ein Unterschied, um welches Produkt es geht. Strom verkauft sich anders als ein Auto oder Schuhe. Und trotz aller Unterschiede, überleg jetzt mal bitte, wie im Durchschnitt Kaufentscheidungen getroffen werden. Zu wie viel Prozent emotional, also aus dem Bauch heraus und zu wie viel Prozent rational, also von der Vernunft geleitet?

Kaufentscheidungen werden zu _______% emotional und zu _______% rational getroffen.

An den folgenden Beispielen kannst Du noch einmal Deine Entscheidung überprüfen und Dich fragen, wie Du entscheiden würdest – emotional oder rational.

BEISPIEL 1: EINKAUFEN

Stell Dir vor, Du gehst am Wochenende in Deiner Stadt einkaufen. Dann siehst Du ein Paar schicke und außergewöhnliche Schuhe. Du gehst nun in das Geschäft und probierst die Schuhe an. Und Du bist begeistert. Wenn Du diese Schuhe jetzt kaufst, hast Du dann emotional oder rational entschieden?

☐ emotional	☐ rational

BEISPIEL 2: GELD AUSGEBEN

Wenn Du die Wahl hast, das gleiche Produkt für 105 Euro bei einem freundlichen Menschen oder für 100 Euro bei einem unfreundlichen Menschen zu kaufen - wie würdest Du Dich entscheiden? Fast 90 Prozent meiner Seminarteilnehmer entscheiden sich für den freundlichen Menschen – auch wenn sie am Ende ein paar Euro mehr zahlen. Wenn Du Dich genauso entscheidest, hast Du dann emotional oder rational entschieden?

☐ emotional	☐ rational

BEISPIEL 3: ANGEBOT

Du hast 2 Angebote vor Dir liegen. Beide haben die gleiche Leistungsbeschreibung und den gleichen Preis. Während das eine Angebot sauber und akkurat erstellt ist, weist das andere ein Eselsohr sowie einen Kaffeefleck auf. Wenn Du Dich nun – wie die meisten Menschen - für das saubere Angebot entscheidest, hast Du dann emotional oder rational entschieden?

☐ emotional ☐ rational

Hast Du Deine Kreuze auch bei „emotional" gemacht, so wie die meisten meiner Seminarteilnehmer? Kein Wunder, denn: Menschen sind tatsächlich emotionale Wesen, auch wenn oft das Gegenteil behauptet wird. Wir entscheiden emotional und begründen uns den Kauf sehr oft rational mit dem Argument, dass wir eine Sache oder ein Produkt unbedingt benötigen. So, wie wir die Schuhe kaufen, weil sie perfekt zu unserer neuen Jeans passen. Oder einfach ein absolutes Schnäppchen waren. Oder wir geben lieber ein paar Euro mehr aus, weil wir uns bei dem freundlichen Verkäufer besser aufgehoben fühlen. Oder wir denken, der unfreundliche Verkäufer könnte uns vielleicht übers Ohr hauen. Und der Unternehmer mit dem kaffeebefleckten Angebot arbeitet bestimmt auch bei unserem Auftrag unsauber und nicht so zuverlässig. Alles Argumente, mit denen wir uns unsere Entscheidung schönreden, aber keine sachlichen Begründungen liefern. Und diese sachlichen Begründungen gibt es auch gar nicht. Es sind immer subjektive Entscheidungen. Jeder Mensch entscheidet subjektiv und damit nach seinem Gefühl.

DENN: MENSCHEN SIND EMOTIONALE WESEN.

Und weil Frauen emotionaler sind als Männer, schmunzeln Frauen bei dem Titel „Kundenbriefe sind wie Liebesbriefe", während Männer schon mal die Augen verrollen und denken „Was ist das denn für'n Sch...."

KUNDEN SIND ZUFRIEDEN

Hast Du zufriedene Kunden? Wahrscheinlich ja. Aber was heißt denn überhaupt zufrieden? Zufrieden heißt: Erwartung erfüllt – nicht mehr und nicht weniger. Und Kunden, deren Erwartung nur erfüllt wurde, sind offen für Angebote vom Wettbewerber. Ziel muss es aber sein, Kunden so zu binden, dass Sie gar nicht an einen Wechsel denken und darüber hinaus noch Weiterempfehlungen aussprechen. Es reicht heute nicht mehr aus, Kunden einfach nur zufrieden zu stellen.

Denk mal an ein Restaurant, eine Kfz-Werkstatt, einen Kinofilm, einen Arzt oder was auch immer Du zuletzt weiterempfohlen hast. Warst Du da nur zufrieden in dem Sinne, dass Deine Erwartungshaltung erfüllt wurde? Oder war es etwas mehr, wurde Deine Erwartungshaltung übertroffen? Weil ein bisschen mehr geleistet wurde, weil etwas anders gemacht wurde als in der Branche üblich, anders als Du als Kunde es erwartet hast? Oft ist es nur eine Kleinigkeit, eine Geste, einfach nur die Freundlichkeit oder das Lächeln einer Mitarbeiterin, welches uns so begeistert, dass wir ein Geschäft oder einen Dienstleister wieder aufsuchen und sogar weiterempfehlen. Oder vielleicht eine E-Mail oder ein Brief, die anders geschrieben sind als beim Wettbewerb.

Und genau hier setzen wir an mit der neuen Art Briefe und E-Mails an Kunden zu schreiben. Kunden und auch die, die erst noch Kunden werden wollen, also Interessenten, erwarten in der Korrespondenz nichts Besonderes. Sie kennen nur Standard, langweilige 08/15-Schreiben – egal, ob Brief oder E-Mail. Wenn Du hier nur ein paar Kleinigkeiten änderst, so fällst Du gleich positiv auf und stichst aus der Masse der langweiligen Brief- und E-Mail-Schreiber heraus. Du begeisterst Deinen Leser mit einem neuen Stil und bleibst so im Gedächtnis Deines Interessenten und Kunden. Unternehmen, die ihre Kunden begeistern, binden ihre Kunden und werden auch gerne weiterempfohlen.

BRIEF ODER E-MAIL?

Kundenbriefe? Wie bitte? Wer schreibt denn heute noch Briefe? Heutzutage schreibt doch jeder nur noch E-Mails. Stimmt. Und stimmt auch nicht. Die meisten schreiben E-Mails. Bei mir dürfte der Anteil bei 99 Prozent oder mehr liegen. Und doch gibt es gute Gründe, den einen oder anderen Brief zu versenden. Ich kenne aus meinen Seminaren viele Teilnehmer, die wesentlich mehr Briefe schreiben als ich. Bei vielen liegt der Anteil von Briefen am gesamten Schriftverkehr locker bei 20 bis 30 Prozent, teilweise 50 Prozent und sogar darüber. Und der wichtigste Grund, warum es hier Kundenbriefe und nicht Kunden-E-Mails heißt: Den Brief gab es lange vor der E-Mail. Die Regeln sind die gleichen - für Briefe als auch für E-Mails. Denn: Ein Angebot bleibt ein Angebot, eine Rechnung bleibt eine Rechnung und eine Mahnung bleibt eine Mahnung - egal, wie Du sie verschickst, ob per Brief oder per E-Mail. Das Schreiben bleibt gleich, nur der Weg ist ein anderer. Und am Anfang war nun einmal der Brief ...

FAZIT

Die neue Art, Briefe und E-Mails an Kunden zu schreiben, ist wertschätzend und stellt den Kunden in den Mittelpunkt. Sie erreicht den Kunden auf der emotionalen Ebene - und gewinnt ihn genau dort. Du baust eine Beziehung zu Deinem Kunden auf oder vertiefst eine bestehende Beziehung. Diese neue Art der Korrespondenz ist anders und fällt dadurch im Einheitsbrei der langweiligen Standardschreiben auf. Mit dieser wertschätzenden und kundenorientierten Art der Kommunikation schaffst Du es, Deinen Kunden zu begeistern. Und begeisterte Kunden weisen eine hohe Bindung auf, kaufen mehr und schauen weniger auf den Preis.

Geht es bei Kunden heute nicht auch darum, seine Überzeugung, ja, auch sein Herz zu gewinnen? Produkte und Leistungen sind heutzutage austauschbar. Es gibt mindestens noch einen, der das Gleiche macht wie Du. Über eine wertschätzende Korrespondenz hast Du gleich am Anfang Eurer Beziehung die Möglichkeit, den Kunden für Dich zu gewinnen. So ähnlich wie bei einem Liebesbrief an Deine Liebste. Du siehst: eine ganze Menge Parallelen zum Liebesbrief! Stimmt's?

All das gerade Gesagte gilt nicht nur für Interessenten und Kunden. Es gilt für alle Adressaten von Schreiben, also genauso für Mitarbeiter, Kollegen, Freunde, Bekannte und selbstverständlich auch für die Empfängerin oder den Empfänger eines Liebesbriefes im klassischen Sinne.

KAPITEL 2

WAS HEISST KUNDENORIENTIERTER SCHRIFTVERKEHR?

Was verstehst Du unter kundenorientiertem Schriftverkehr? Wie würdest Du es definieren oder welche Stichpunkte fallen Dir dazu ein? Notiere jetzt bitte einmal, was Du unter kundenorientiertem Schriftverkehr verstehst.

Kundenorientierter Schriftverkehr bedeutet für mich:

____

____

____

In meinen Seminaren kommen hier so Antworten wie:

- persönliche Anrede
- verständlich geschrieben
- individuell auf den Empfänger abgestimmt formuliert
- guter Aufbau
- Leser steht im Mittelpunkt
- Botschaft wird deutlich
- Vorteil herausgestellt
- ohne Rechtschreibfehler
- der Name ist richtig geschrieben

Und nun notiere bitte einmal die Kriterien, die für Dich einen schlechten Brief unter dem Aspekt der Kundenorientierung ausmachen. Ein wenig kundenorientiertes Schreiben erkenne ich an:

____

____

____

In meinen Seminaren kommen hier so Antworten wie:

- unpersönliche Anrede
- Anrede „Sehr geehrt“
- Standardbrief
- langweilige Formulierungen
- Rechtschreibfehler
- langweilige Grußformel
- Serienbrief
- schlechter Aufbau
- Verwendung von Floskeln
- Behördenstil

Gablers Wirtschaftslexikon versteht unter Kundenorientierung, die Ausrichtung aller marktrelevanten Maßnahmen eines Unternehmens an den Bedürfnissen und Problemen der Kunden.

http://wirtschaftslexikon.gabler.de/Archiv/5599/kundenorientierung-v6.html

Bezogen auf den Schriftverkehr als marktrelevante Maßnahme bedeutet diese Definition, dass die Korrespondenz auf die Bedürfnisse und Probleme des Kunden ausgerichtet wird. Dies ist in der Praxis allerdings eher selten der Fall. Was bedeutet dies nun? Dies bedeutet, dass der Kunde im Mittelpunkt der Korrespondenz stehen soll. Ein Brief oder eine E-Mail sollen deutlich machen, was der Kunde davon hat, wenn er das tut, was wir gerne von ihm hätten. Ein Schreiben soll die Bedürfnisse, Wünsche, Ziele und Probleme des Kunden in den Mittelpunkt stellen.

DER KUNDE SOLL IM MITTELPUNKT STEHEN

Wer steht bei einem Liebesbrief im Mittelpunkt? Na klar, die Dame oder der Herr Deines Herzens – keine Frage. Und wer sollte bei einem Brief an Deinen Kunden im Mittelpunkt stehen? Na klar, der angeschriebene Kunde oder der Interessent, der erst noch zum Kunden werden soll. Logisch. Und wer steht in den meisten Briefen und E-Mails tatsächlich im Mittelpunkt? Ist das wirklich der Kunde oder ist das meist der Absender? Nehmen wir an, Du schickst Deinem Kunden ein Angebot. Dann findest Du so Formulierungen wie

„Wir schicken Ihnen ...“ oder „Wir freuen uns...“. Dort steht der Absender im Mittelpunkt, aber nicht der Adressat, den Du von Dir, von Deinen Produkten und Leistungen überzeugen möchtest. Die meisten Unternehmen schreiben nur von sich und vergessen die wichtigste Person. Die Person, von der Du etwas möchtest. Und zwar meist nichts Unbedeutenderes als ihr Geld. Vielleicht kann der potenzielle Kunde da ja etwas mehr Beachtung erwarten ...

AUF DIE BEDÜRFNISSE DES KUNDEN EINGEHEN

Wenn Du den Kunden in den Mittelpunkt stellst, dann fällt es auch viel leichter, auf die Bedürfnisse, Wünsche und Ziele des Kunden einzugehen. Wenn Du mit Deinem Angebot ein Problem Deines Kunden lösen möchtest, dann solltest Du auch auf den Kunden und sein Problem eingehen. Klingt logisch!? Und warum macht es dann kaum einer?

Wenn der Kunde sich für eine neue Lagerhalle interessiert, dann solltest Du herausfinden, warum der Kunde diese neue Halle benötigt. Was ist sein Bedürfnis? Und darauf gehst Du nun ein und die Chancen stehen gut, dass Du einen neuen Kunden gefunden hast. Wenn Dein Kunde seinen 49. Geburtstag feiern möchte und von Dir als Partyservice ein Angebot benötigt, dann solltest Du wissen, welches die Beweggründe sind, einen Partyservice zu beauftragen. Nun gehst Du auf diese Gründe ein und schon hast Du fast gewonnen. Die meisten Unternehmen schreiben nur von sich und wundern sich dann, warum sie den Kunden nicht überzeugen konnten.

JEDER KUNDE IST ANDERS

Es gibt jüngere und ältere Kunden. Den 18-Jährigen wirst Du wahrscheinlich anders anschreiben als den 80-Jährigen. Es gibt Frauen und Männer. Es gibt Kunden mit niedrigem und hohem Einkommen. Es gibt Geschäftskunden und Privatkunden. Es gibt Kunden, die sind Geschäftsführer, Vorstand, Führungskraft, Vertriebsmitarbeiter, Controller, Sachbearbeiter oder Handwerker. Und sicherlich habe ich noch den einen oder anderen vergessen. Jeder Kunde ist anders und einzigartig, so wie letztlich jeder Mensch auf dieser Erde einzigartig ist. Und wenn jeder Kunde anders ist, welchen Sinn macht es dann, alle Kunden gleich anzuschreiben? Welchen Sinn macht es, den immergleichen Text an unterschiedliche Kunden zu schreiben? Oder anders ausgedrückt: Wenn jeder anders ist, sollte man dann nicht auch jeden Kunden anders anschreiben? Da scheint es doch sinnvoller zu sein, den Text auf den Kunden individuell abzustimmen. So, wie Du es bei einem Liebesbrief an Deine Liebste auch tun würdest.

SCHREIBE AUS DER SICHT DES KUNDEN

Du möchtest einen Brief oder eine E-Mail schreiben, die Dein Adressat gerne und mit Freude liest. Und an dessen Ende er das tut, was Du möchtest. Dann solltest Du Dich fragen, wie so ein Brief geschrieben sein müsste, dass Du ihn an der Stelle des Kunden lesen würdest. Versetz Dich in die Situation des Kunden und nimm seine Sichtweise ein. Beachte dabei, dass Dein Kunde einen anderen Wissensstand zu Deinem Schreiben haben wird. Wenn es um Angebote geht, dann solltest Du daran denken, dass Dein Adressat möglicherweise wenig Hintergrundwissen bis keine Ahnung von den fachlichen Dingen hat. Zumindest wird er wesentlich weniger darüber wissen als Du, sonst bräuchte er Dich ja nicht. Und dies musst Du unbedingt beim Schreiben beachten. Hol den Kunden da ab, wo er sich mit seinem Wissen befindet. Setz Dich auf den Stuhl des Kunden und schreib die E-Mail für ihn aus seiner Sicht.

DER KÖDER MUSS DEM FISCH SCHMECKEN

Stell Dir vor, Du würdest zum Angeln gehen. Welchen Köder würdest Du auf Deinen Angelhaken spießen? Leckere süße Erdbeeren, weil Du Erdbeeren über alles liebst? Oder würdest Du den Köder nehmen, den die Fische, die Du fangen möchtest, gerne fressen? Du würdest Dich vermutlich für den Köder entscheiden, für den sich dann auch die Fische entscheiden, denn damit steigt die Wahrscheinlichkeit, dass Du einen Fisch fangen wirst. Wenn Du es tatsächlich mit Erdbeeren probieren würdest, hättest Du sicher keinen Angelerfolg.

Du richtest Dich mit dem Köder nach dem Fisch, den Du fangen möchtest. Du musst es dem Fisch so schmackhaft wie möglich machen, damit er anbeißt. Genauso verhält es sich auch im Verkaufsgespräch.

Und der Brief oder die E-Mail sind ja nichts anderes als eine schriftliche Verkaufskommunikation.

Wenn Du Deinen Kunden für Dich und Deine E-Mail oder Deinen Brief gewinnen willst, dann musst Du ihm Dein Schreiben ebenfalls schmackhaft machen. Mach Deinem Leser deutlich, was er davon hat, wenn er das tut, was Du möchtest.

Nur weil Du es möchtest und Dich auf einen Auftrag freust, wird der Kunde Dir keinen Auftrag geben. Der Kunde muss erkennen, wo sein Nutzen ist. Und es ist nicht seine Aufgabe, diesen Nutzen zu suchen. Du musst Deinem Kunden den Vorteil deutlich herausstellen, denn Du willst ja schließlich auch etwas von ihm.

Wenn Du etwas von Deinem Kunden möchtest, frag Dich also immer:

WAS HAT MEIN KUNDE DAVON?
WAS BEDEUTET DAS FÜR MEINEN KUNDEN?

Und frag Dich bitte auch selbstkritisch, ob Dich die Argumentation überzeugen würde – wenn Du Kunde wärst. Und bitte sei ehrlich zu Dir. Denn, wenn die Argumentation Dich nicht überzeugt, dann überzeugt sie Deinen Kunden auch nicht.

Viele glauben, der Leser weiß doch, welchen Nutzen er bekommt. Mag sein. Und was spricht dagegen, den Nutzen für den Leser trotzdem deutlich herauszustellen?

Statt Deinem Interessenten zu schreiben, dass Du den Drucker in der kommenden Woche liefern kannst, sage ihm besser, was er davon hat, wenn Du den Drucker geliefert hast. Dein Kunde kann den Drucker bereits in der nächsten Woche benutzen und seine Angebote mit einem brillanten Druckbild erstellen. Frage Dich immer: „Was hat mein Kunde davon?" und „Was bedeutet das für ihn?"

SCHREIBE BEI DER FOLGENDEN ÜBUNG JEWEILS DARUNTER, WO DER NUTZEN LIEGT.

Wir liefern Ihre Schuhe innerhalb einer Woche.

Das Auto hat 240 PS.

Sie sparen Geld.

Sie erhalten den Kredit.

Wir haben eine 24-Stunden-Hotline.

Wir bauen die Fenster ein.

Schicken Sie uns die Unterlagen bis zum 24.12.

MEINE VORSCHLÄGE:

× *Wir liefern Ihre Schuhe innerhalb einer Woche.*
✓ *Sie können Ihre neuen Schuhe schon in wenigen Tagen Ihrer Freundin zeigen.*

× *Das Auto hat 240 PS.*
✓ *Mit dem Auto beschleunigen Sie beim Überholen auch noch im 6. Gang.*

× *Sie sparen Geld.*
✓ *Sie haben Geld für einen zusätzlichen Kurzurlaub.*

× *Sie erhalten den Kredit.*
✓ *Erfüllen Sie sich endlich Ihren langgehegten Wunsch!*

× *Wir haben eine 24-Stunden-Hotline.*
✓ *Sie erreichen uns rund um die Uhr – auch nachts.*

× *Wir bauen die Fenster ein.*
✓ *Profitieren Sie von unseren einbruchsicheren Fenstern.*

× *Schicken Sie uns die Unterlagen bis zum 24.12.*
✓ *Damit Sie Ihr Projekt wie gewünscht beginnen können, schicken Sie uns die Unterlagen bitte bis zum 24. Dezember.*

EINEN NACHTEIL ZU VERHINDERN IST AUCH EIN VORTEIL.

Statt:

× *...müssen wir Ihnen Verzugszinsen in Rechnung stellen.*

Besser:

✓ *Sparen Sie sich die Verzugszinsen und machen Sie etwas Besseres mit dem Geld.*

Mach den Vorteil noch deutlicher und hebe ihn **durch Fettdruck stärker hervor.** Insbesondere in Angeboten solltest Du Deinen Vorteil auf die Wünsche des Interessenten abstimmen und am besten in einer Aufzählung aufführen. Dazu mehr ab Seite 132 zum Angebotsbegleitschreiben.

DIE KORRESPONDENZ IST DIE VISITENKARTE

Ein Brief, eine E-Mail ist heute oft der erste Kontakt zum Kunden. Vielleicht gab es vorher einen telefonischen Kontakt, dann ist die E-Mail oder der Brief der 1. schriftliche Kontakt. Das 1. Schreiben ist quasi so etwas wie eine Visitenkarte, die Du Deinem Gegenüber beim ersten Kontakt übergibst. Und für den 1. Eindruck gibt es nun mal keine 2. Chance. Den Eindruck, den Du mit Deinem Schreiben transportierst, wird Dein Kunde auf Dich, auf Deine Produkte, ja auf Dein Unternehmen übertragen. Schreibst Du langweilig im Behördendeutsch - warum sollte der Kunde annehmen, Du bist ein lockerer und sympathischer Typ? Und würdest Du hinter einem Unternehmen mit langweiligen floskelhaften Formulierungen im Behördendeutsch ein Unternehmen mit pfiffigen, unkonventionellen Lösungen vermuten?

Oder würdest Du dieses Unternehmen eher hinter modernen, pfiffigen, unkonventionellen und kundenorientierten Formulierungen vermuten? Zugegeben, die Formulierungen sagen nicht zwingend etwas über das Unternehmen oder den Absender aus. Und doch geben sie uns ein Gefühl. Weder das eine noch das andere muss richtig sein. Entscheidend ist aber nicht was ist, sondern welchen Eindruck Dein Leser hat. Das Gefühl ist entscheidend. Und dies kannst Du über eine gut gestaltete Visitenkarte, also ein gut gestaltetes und formuliertes Schreiben, beeinflussen. Hinterlasse einen bleibenden Eindruck mit Deinen Schreiben. Und Du wirst Erfolg haben!

KAPITEL 3

ZIELSETZUNG VON BRIEFEN & E-MAILS

Überlege Dir, welches Ziel Du mit Deinem Schreiben verfolgst. Möchtest Du Deinen Kunden informieren, überzeugen oder zum Handeln bewegen? Die Zielsetzung ist wichtig für die Wortwahl, den Aufbau Deines Schreibens und bei Briefen auch für die Gestaltung des Umschlags.

Wenn Du Deinen Kunden informieren willst, zum Beispiel über eine verzögerte Lieferung, dann gibst Du einfach nur Informationen weiter. Möchtest Du aber jemanden von Deiner Meinung überzeugen und seine Einstellung zu etwas verändern, dann wirst Du sicher ganz anders formulieren. Und beabsichtigst Du Deinen Leser zu einer Handlung zu bewegen, zum Beispiel zum Bezahlen einer offenen Rechnung, dann wirst Du wieder andere Formulierungen benutzen.

Einen Werbebrief wirst Du wieder anders formulieren und auch ganz anders gestalten als die Rechnung oder eine Mahnung. In einem Werbebrief wirst Du Formulierungen benutzen, die noch stärker auf den Vorteil ausgerichtet sind. Du würdest vielleicht mit Bildern und sehr plakativ arbeiten. Und vielleicht traust Du Dich sogar den Umschlag mit etwas mehr Pfiff zu gestalten. In jedem Fall wird der Werbebrief vom Aussehen und vom Inhalt anders sein als die letzte Mahnung, in der Du mit rechtlichen Konsequenzen drohst.

Egal, welches Ziel Du am Ende verfolgst – informieren, überzeugen, handeln – ein Ziel haben alle Schreiben: Der Empfänger soll sie lesen! Und dann schließt sich die Frage an:

WARUM LIEST DER KUNDE MEIN SCHREIBEN – ODER AUCH NICHT?

Der Empfänger eines Briefes oder einer E-Mail möchte wissen, wer ihm schreibt und warum. Er will wissen, was der Absender von ihm möchte. Und er ist neugierig, welchen Nutzen er hat, wenn er die E-Mail oder den Brief liest. Allerdings bleibt diese Frage sehr oft unbeantwortet, insbesondere bei Angeboten. Ein wichtiger Punkt, auf den wir später noch einmal zu sprechen kommen.

DER ABSENDER

Der Absender ist bei einer E-Mail über die E-Mail-Adresse recht schnell herauszufinden. Manchmal besteht die E-Mail-Adresse aus dem kompletten Namen oder zumindest dem Nachnamen des Absenders. Oder es handelt sich um eine Sammeladresse wie *info@unternehmensname.de*. Das Unternehmen erkennst Du meist an der Domain nach dem @-Zeichen.

Beim Brief kann der Absender über die Absenderzeile oder über ein Firmenlogo auf dem Briefumschlag recht schnell identifiziert werden.

AUFFALLEN DURCH ANDERSSEIN

Bei einem Brief fällt beim Herausnehmen aus dem Briefkasten als erstes die Gestaltung des Umschlags auf - oder auch nicht. Im 2. Schritt spricht der Briefbogen oder der Inhalt des Schreibens den Leser an - oder eben auch nicht.

DER BRIEFUMSCHLAG

Für die Gestaltung eines Briefumschlags gibt es vielfältige Möglichkeiten, aus der Masse der Briefe, die Dein Empfänger jeden Tag bekommt, herauszustechen. Dies gilt umso mehr, wenn es sich um Werbebriefe handelt, die schon von der Gestaltung her das Interesse des Lesers gewinnen sollten.

Stell Dir vor, Du bekommst einen ganz normalen weißen Briefumschlag. Ist das spannend? Macht Dich das neugierig? Oder Du erhältst einen Briefumschlag mit einem Logo darauf. Und schon weißt Du, wer Dir schreibt. Macht Dich das neugierig? Das kommt darauf an. Wenn Du auf ein Angebot Deines Handwerkers oder Deines IT-Dienstleisters wartest, dann vielleicht. Wenn es aber Post vom Finanzamt ist, dann vielleicht nicht. Vor allem, wenn Du weißt, dass Deine Steuererklärung fällig ist. Das Interesse und die Neugier des Empfängers hängen also auch vom Absender ab – wenn Du ihn kennst oder eine Verbindung zu ihm hast.

Nun stell Dir vor, Du siehst einen solchen blauglänzenden Folienumschlag in Deinem Briefkasten, bei dem nicht ersichtlich

Ein auffällig blauer Folienumschlag

ist, wer Dir schreibt. Würde dieser Umschlag auffallen? Aber sicher! Die Frage ist, ob positiv oder eher negativ, richtig? Natürlich riecht dieser Brief förmlich nach einem Werbebrief. Einigen meiner Seminarteilnehmer ist das zu offensichtlich und sie würden diesen Brief direkt entsorgen. Andere wiederum sagen, sie seien neugierig, was wohl dahintersteckt und würden den Brief öffnen und hineinschauen. Wie bereits erwähnt: es gibt solche und solche Leser. Eines ist aber sicher: Der Brief fällt in einem Briefkasten auf! Diesen Brief habe ich direkt nach dem Herausnehmen aus meinem Briefkasten und noch vor der Haustür gelesen.

Briefumschlag, der den Eindruck erweckt, er wäre von Hand geschrieben

Ich war neugierig und wollte wissen, wer sich die Mühe macht und mir einen handschriftlich adressierten Brief schickt. Erst beim näheren Hinschauen bemerkte ich, dass die Beschriftung gar nicht handschriftlich war, sondern einfach nur eine sehr dynamische Schriftart. Aber da war der Brief schon geöffnet und gelesen. Und das ist doch genau das, was der Absender dieses Werbebriefes, Alex S. Rusch, Inhaber des Rusch Verlages für Hörbücher und CDs, *www.ruschverlag.de*, bezweckt hat. Also: Ziel erreicht!

Wo klebst Du eigentlich die Briefmarke hin? Wahrscheinlich rechts oben in die Ecke und dann natürlich schön ordentlich. So sehen (fast) alle Briefe aus, die ich erhalte. Bis auf die letzte Weihnachtspost meiner Geschäftspartnerin Tanja Zimmermann, mobile Reiseberaterin aus Hamburg, *www.couchreisen.de*. Dieser Brief fiel mir sofort auf, weil die Briefmarke ein klein wenig schräg aufgeklebt war. Kleine Ursache – große Wirkung!

Schräg aufgeklebte Briefmarke als Hingucker

Denkbar ist auch, einen Umschlag komplett in den Unternehmensfarben drucken zu lassen und so gegenüber dem klassisch weißen Briefumschlag einen Farbimpuls zu setzen. Oder Du benutzt einen blauen Umschlag und machst so eine Mahnung im wahrsten Sinne des Wortes zu einem „Blauen Brief“.

Der Blaue Brief – als Mahnung

Und dieser Brief der Firma Kluth & Sohn ist sicher ein absoluter Hingucker.

Umschlag mit Sichtfenster und Einlegebildern,

Die Rückseite besteht aus einem großen Fenster. In den Umschlag wird ein Bild im Comic-Stil eingelegt. Durch seine bunten Farben und sein witziges Motiv fällt diese ungewöhnliche Gestaltung des Umschlags positiv auf.

Einlegebilder im Format DIN lang

Eine weitere pfiffige Idee, ebenfalls aus dem Hause Kluth & Sohn, lässt jeden langweiligen Brief aus der Masse der Einheitsbriefe herausstechen. Der Aufkleber wertet den Brief wie eine Art Siegel auf und hat durch das sichere Verschließen gleich noch einen praktischen Nutzen.

Abheben kannst Du Dich auch über ein ungewöhnliches Format. Ein quadratischer Umschlag ist eher selten und würde ebenfalls sofort auffallen.

Ein Aufkleber als „Siegel" wird zum Hingucker und Augenfänger

DAS ANGEBOT

Wenn Du ein Angebot verschickst, weil Du es nicht persönlich übergeben kannst, dann solltest Du Dir auch hier Gedanken über ein ungewöhnliches, weil auffallendes, Format machen. Dies gilt natürlich nur, wenn Du das Angebot als Brief versendest und nicht als PDF-Datei per E-Mail.

Die meisten Unternehmen, die ihre Angebote in Papierform versenden, wählen einen Briefumschlag im DIN B4-Format. Dein Angebot als Päckchen statt im üblichen DIN B4-Format verschickt, hinterlässt beim Empfänger einen bleibenden Eindruck. Wenn Deine Wettbewerber den klassischen DIN B4-Umschlag mit getackerten Blättern versenden, überrascht Du Deinen Kunden, indem Du es ganz anders machst. Stell Dir vor, Dein Kunde erhält vom Boten das Paket und schielt mit einem Auge auf den Absender. Er erwartet zwar Dein Angebot, wird sich aber fragen, warum er nun ein Paket erhält. Was meinst Du, wird er Dein Paket voller Neugier und Spannung auspacken? Ja, er wird!

Und was befindet sich nun im Karton? Natürlich das Angebot. Je nach Umfang und Anzahl der Seiten könnte dies eine kleine Broschüre mit einer Spiralbindung sein oder

Martin Lenk
Dachdeckermeister
aus Pegnitz

Gewinner des Designpreises des oberfränkischen Handwerks 2012 die Blätter sind eingelegt in eine ansprechende Präsentationsmappe. Diese Angebotsmappen mit einer hochwertigen Spiralbindung setzt der Dachdecker Martin Lenk aus Pegnitz ein. So ein Angebot hat 20 Seiten oder mehr und würde getackert einfach und fast schon billig aussehen. Hier wird das hochwertige Erscheinungsbild unterstützt durch das ansprechende Deckblatt sowie durch die vielen Fotos zu den einzelnen Positionen. So wird das Angebot auch für den Laien im wahrsten Sinne des Wortes anschaulich.

Aber macht es denn Sinn sich so viel Arbeit zu machen im Vergleich zu den getackerten Angeboten? Das muss jeder für sich selbst entscheiden. Fakt ist: Die Abschlussquoten von Martin Lenk sind etwa doppelt bis dreimal so hoch wie die Abschlussquoten seiner Berufskollegen. Ich finde, da macht es Sinn, sich etwas mehr Mühe zu geben. Denn wenn Du eine Einladung zu Deiner Hochzeit oder einem runden Geburtstag verschickst, dann hast Du Dir doch auch etwas mehr Mühe gegeben, oder? Und warum? Weil das Ereignis etwas Besonderes ist!

Und ist das, was Du für Deinen Interessenten machen möchtest, nicht auch etwas Besonderes? Deshalb solltest Du Dir bei Deiner Einladung an den Interessenten, Dir den Auftrag zu geben – also beim Angebot – auch etwas mehr Mühe geben. So viel Mühe wie Du glaubst, dass es Dein von Dir erstelltes Ergebnis am Ende wert ist.

Wenn es sich um ein so umfangreiches Angebot über mehrere Seiten handelt wie beispielsweise für eine Dach- oder Badezimmersanierung oder für den Bau eines Hauses, dann lege doch einfach eine Flasche Wein dazu. So nach dem Motto: „Schauen Sie sich das Angebot ganz in Ruhe an und genießen Sie dabei diesen guten Tropfen." Statt Wein geht natürlich auch eine Flasche Sekt. Und statt Alkohol geht natürlich auch alkoholfreier Sekt, Wein oder irgendein anderes Getränk. Alternativ oder zusätzlich kannst Du auch noch feine Pralinen dazulegen. So wertest Du Dein Angebot noch weiter auf. Und der Adressat wird sich mit Sicherheit freuen!

Um Deinem Kunden schon mal vorab einen Eindruck zu geben von den Materialien, die Du verwenden wirst, legst Du einfach eine Probe bei. Dies kann bei einem Raumausstatter ein Stück Stoff für die künftige Gardine sein, beim Möbeltischler ein Stück Holz und beim Dachdecker die zu verlegende Dachpfanne. Hört sich ungewöhnlich an, oder? Ist es ja auch! Und soll es ja auch sein. Es geht ja darum, dass Du Dich mit Deinem Angebot von den Angeboten Deiner Wettbewerber abhebst.

So ungewöhnlich ist es dann auch wieder nicht. Ich hatte vor kurzem ein Angebot für die Erstellung meines Hörbuches bekommen. Damit ich schon mal einen Eindruck erhalte, wie so eine CD nachher aussieht, lag dem Angebot eine Muster-CD mit Hülle bei. So machst Du Dein Angebot im wahrsten Sinne des Wortes begreifbar für Deinen Kunden.

Aber warum solltest Du Dir so viel Arbeit für die Verpackung und Gestaltung des Angebots machen? Zum einen, um aus der Masse der gleich aussehenden Angebote herauszustechen. Stell Dir vor, Dein Interessent hat 5 Angebote eingeholt. 2 Angebote erhält er per E-Mail und 2 Angebote per Brief. Und ein weiteres Angebot erhält er als kleines Päckchen mit den beschriebenen Inhalten.

Welches dieser 5 Angebote wird er wohl im Gedächtnis behalten? Gut, wenn es dann Dein Angebot ist.

Ein weiterer Grund sich bei der Gestaltung des Angebots etwas Mühe zu geben, besteht darin, über die Verpackung die Wertigkeit Deines Angebotes darzustellen. Die Wertigkeit Deines Angebotes darf und muss sich dann natürlich auch in einem angemessenen Preis widerspiegeln. Oder würdest Du ein teures Parfum in einer billig aussehenden Verpackung kaufen? Wohl kaum. Dies gilt genauso auch für alle anderen Branchen. Eine hochwertige Gestaltung des Angebots hat eine bessere Abschlussquote bei höheren Umsätzen zur Folge. Dies kann Dir Martin Lenk vom Dachdeckerbetrieb Lenk bestätigen.

Noch besser ist es, wenn Du Dein so gestaltetes Angebot gar nicht versendest, sondern dem Kunden persönlich bei einer Präsentation in Deinen Geschäftsräumen übergibst. So wertest Du es noch weiter auf und minimierst das Risiko, dass Dein Angebot nur Vergleichszwecken dient, um das billigste Angebot herauszufiltern.

DER BRIEFBOGEN

Zum Briefbogen muss ich jetzt nicht viel schreiben. Briefbögen haben ein Logo im Kopfbereich und sind weiß, damit der Text darauf gut lesbar ist. Logisch. Normalerweise sehen alle Briefbögen so oder so ähnlich aus. Normalerweise. Nicht so der Briefbogen des Freizeitzentrums Xanten. Dieser Briefbogen begeistert allein durch die ungewöhnliche Gestaltung. Wasserwellen statt eines langweiligen weißen Hintergrundes und verschiedene Fotos machen Lust auf einen Besuch dort. So kannst Du auch mit einem Briefbogen Emotionen wecken, wenn Du ein wenig kreativ bist und ausgetretene Pfade verlässt. Und Dinge einfach mal anders machst als üblich.

Auffällig gestalteter Briefbogen des Freizeitzentrums Xanten für Werbebriefe, Angebote und Rechnungen

FREIZEIT ZENTRUM XANTEN

Freizeitzentrum Xanten GmbH · Postfach 11 64 · 46500 Xanten

Frau
Annika Muster
Elisenstraße 42 a
12345 Musterstadt

Freizeitzentrum Xanten GmbH - InfoCenter
Am Meerend 2, 46509 Xanten-Wardt
Telefon: 02801 715656, E-Mail: info@f-z-x.de

Bearbeiter: InfoCenter Team
Datum: 10.01.2018

Freizeitzentrum Xanten für Ihre Auszeit vom Alltag

Guten Tag, Frau Muster,

Sie sind reif für die Insel und wünschen sich eine Auszeit vom Alltag? Dann gönnen Sie sich doch einen Urlaub zwischendurch - ganz in Ihrer Nähe.

Die Xantener Nord- und Südsee mit über 200 ha Wasserfläche ist *die* Wassersport-destination am Niederrhein und bietet Ihnen jede Menge Freizeitaktivitäten in landschaftlich reizvoller Umgebung. Lassen Sie Ihre Seele baumeln am 1.000 m langen Sandstrand der Xantener Südsee oder werden Sie aktiv beim Wasserski fahren, Segeln, Surfen, Stand Up Paddling... Genießen Sie einen Capuccino in unserer Gastronomie oder erleben Sie Konzert-Events bekannter Künstler unter dem Xantener Sternenhimmel.

Sie planen nicht nur für sich, sondern für eine Gruppe? Auch dann lassen wir Sie nicht im Regen stehen. Mit einer Floßfahrt und Barbecue an Bord erleben Sie die Xantener Nordsee aus einer anderen Perspektive und gestalten sich ein unvergessliches Erlebnis.

Dies sind nur einige Beispiele aus unserem vielfältigen Angebot, mit dem Sie Ihre Freizeit attraktiv gestalten können.
Sie haben Interesse? Rufen Sie uns an - unser FZX-Service- und InfoCenter erreichen Sie täglich von 10 - 18 Uhr. Ihrer Auszeit vom Alltag steht nichts mehr im Wege!

Freundliche Grüße
aus dem Freizeitzentrum Xanten

Ihr
FZX-Team

PS: Ihre Freizeit ist kostbar - gönnen Sie sich daher eine Auszeit vom Alltag im Freizeitzentrum Xanten!

Geschäftsführer und Gesellschafter
Axel Hoppe · Regionalverband Ruhr
Ralf Berensmeier · Kreis Wesel
Thomas Görtz · Stadt Xanten

Vorsitzender des Verwaltungsrates
Karl Borkes

Registergericht Kleve
HRB 65 33

USt-Id-Nr. DE 120251275
Steuer-Nr. 119/5701/0131

Sparkasse am Niederrhein · BIC: WE LADE D1 MOR ·
IBAN: DE30 3545 0000 1150 0071 83

Volksbank Niederrhein e.G. · BIC: GENO DED1 NRH ·
IBAN: DE96 3546 1106 1007 5600 16

www.f-z-x.de

DER INHALT

Wenn ich den Absender nicht kenne oder nicht weiß, was ein bekannter Absender mir schreibt, dann ist das Öffnen eines Briefes ähnlich spannend wie das Auspacken eines Geschenks zum Geburtstag oder zu Weihnachten. Was interessiert den Leser eigentlich, wenn er einen Brief oder eine E-Mail liest? Woher soll man das denn überhaupt wissen, was ihn interessiert? Eine schwierige Frage. Und eigentlich eine ganz einfache Frage.

Jedes menschliche Handeln ist nach dem Nutzen ausgerichtet. Wenn der Handelnde keinen Vorteil erkennt, wird er nicht handeln. Das heißt, die zentrale Frage für den Handelnden ist:

WAS HABE ICH DAVON?
WELCHEN NUTZEN HABE ICH, WENN ICH DIESES TUE ODER JENES LASSE?

Diese Fragen solltest Du Deinem Leser auch beantworten. Entscheidend dafür, ob Dein Adressat einen Brief oder eine E-Mail liest, kann auch die Gestaltung sein. Gibt es eine übersichtliche Struktur, die den Leser durch den Text führt? Hilfreich sind dafür Absätze. Jeder Gedanke ist es wert, dass er einen eigenen Absatz bekommt. So sind ein Text und die Gedanken dahinter viel leichter zu verstehen.

DER BLICK ÜBER EINEN BRIEF

Bevor der Leser die Fragen nach dem Nutzen für sich beantworten kann, wird er erst einmal einen Blick auf den Brief werfen, um einen 1. Eindruck zu erhalten. Innerhalb von Bruchteilen einer Sekunde geht der Blick in einer Schleifenbewegung von oben nach unten und wieder nach oben über den Brief hinweg. Der Leser verschafft sich so einen Überblick über den Aufbau und entscheidet dann, ob er den Brief liest oder nicht.

Mit einem Blick werden so zentrale Bausteine wie Logo, Anschrift, Betreffzeile, Anrede, Textstruktur, Unterschrift und PS-Zeile erfasst.

Insbesondere in der Anschrift und in der Anrede solltest Du besonderes Augenmerk auf das liebste Wort eines jeden Menschen legen: seinen Namen. Leider scheitert es hier schon bei vielen mit der entsprechenden Wertschätzung gegenüber dem Adressaten. Und zwar dann, wenn der Name des Adressaten falsch geschrieben ist. Auch ein schwieriger Name ist keine Entschuldigung für die mangelnde Wertschätzung. Denn nichts anderes ist es, wenn man den Namen des Adressaten falsch schreibt. Gerade schwierige Namen richtig zu schreiben, bringt Dir eine hohe Wertschätzung bei Deinem Leser.

SEI AUTHENTISCH

Bei so manchen Tipps und Formulierungsvorschlägen fragst Du Dich vielleicht, ob Du das wirklich so schreiben kannst oder umsetzen solltest. So manche Vorschläge erfordern ja schon etwas Mut. Ich warne davor, mir alles zu glauben. Ich warne allerdings auch davor, mir nichts zu glauben. Mach Dir Dein eigenes Bild und probiere die Dinge aus. Wenn sich irgendetwas in Dir sperrt und Du ein ungutes Gefühl hast, dann lass es. Wichtig ist, dass Du bei allem, was Du tust und schreibst, dahinterstehst. Das Schlimmste wäre ja, wenn Dich einer Deiner Kunden auf eine Deiner neuen Formulierungen anspricht und Du sagen müsstest: „Ja, ich finde es auch komisch, aber ich hab's in einem Buch gelesen." Die richtige Antwort wäre: „Ja, es ist ungewöhnlich. Ich wollte einfach mal etwas Neues ausprobieren."

Denn eines ist auch klar: Es wird immer jemanden geben, dem das, was Du künftig anders machst, nicht gefallen wird. Nur, hast Du Deine Kunden jemals gefragt, ob Ihnen Dein jetziger Schreib- und Formulierungsstil gefällt? Ich glaube nicht, oder?

Halte es doch einfach mit Platon, dem griechischen Philosophen und Gelehrten (427 – 347 v. Chr.), der sagte: „Ich kenne keinen sicheren Weg zum Erfolg, aber einen sicheren Weg zum Misserfolg: Es allen recht machen zu wollen.“

So wird es auch im Schriftverkehr sein. Es wird Kunden geben, denen wird Dein neuer Stil gefallen und es wird Kunden geben, denen wird er nicht gefallen. Da Du in den meisten Fällen vorher nicht weißt, wem was gefällt, ist mein Vorschlag: Sei authentisch! Sei so, wie Du bist. Tu nicht irgendwelche Dinge, um jemandem zu gefallen, sondern tu die Dinge, die Du gut findest und von denen Du überzeugt bist. Und Du wirst Erfolg haben!

Wenn ich genau wüsste - weil er es mir gesagt hätte - dass meinem Adressaten die Grußformel „Hochachtungsvoll“ gefallen würde, dann würde ich diese durchaus verwenden, um meinem Gegenüber eine Freude zu machen. Allerdings kennen wir diese Vorlieben meist nicht. Manche glauben zu wissen, was der Kunde mag. Das meine ich aber nicht. Ich meine nicht Spekulation, sondern tatsächliche Kenntnis.

Sei authentisch, folge Deinem Gefühl und Deiner inneren Stimme und sei gleichzeitig offen für Neues. Dann wirst Du den richtigen Weg für Deinen neuen Schreibstil finden. Ich bin sicher, dass auch Dein Kunde merkt, ob Du hinter Deinen neuen Formulierungen stehst oder es nur Fassade ist. Denn wenn Du wirklich dahinterstehst, dann werden sich diese Änderungen auch in Deiner Sprache und nicht nur in Deiner Schrift widerspiegeln.

KAPITEL 4

OHNE REGELN GEHT´S NICHT – DER TEXTAUFBAU VON KUNDENBRIEFEN

DIE BIBEL DES SCHRIFTVERKEHRS

Bitte beantworte zum Beginn dieses Kapitels die folgenden 3 Fragen:

1. Wie viele Zeilen Abstand gehören zwischen Betreffzeile und Anrede?

Antwort: _____ Zeilen

2. Wie heißt die DIN, die sich mit dem Schriftverkehr befasst?

Antwort: ____

3. Wann hast Du zuletzt in dieser DIN gelesen?

Antwort: ____

Hier sind die Antworten:

Zu 1: 2 Leerzeilen
Zu 2: DIN 5008
Zu 3: in den letzten 3 Monaten – ist eine gute Antwort

Wenn Du nur eine der Fragen anders beantwortet hast, dann kommst Du wahrscheinlich auch ganz gut ohne die DIN durchs Leben. Entweder hast Du schon ewig nicht mehr in die DIN geschaut, weil Du alles perfekt umsetzt. Oder es geht Dir wie den meisten meiner Seminarteilnehmer, die allenfalls mal von der DIN gehört haben. Ich kann mich an keine Teilnehmerin erinnern, die täglich mit der DIN arbeitet oder die Inhalte perfekt umsetzt. Die DIN 5008 ist eine Norm, die vom Deutschen Institut für Normung herausgegeben wird. Die DIN legt Regeln fest, damit der geschäftliche Schriftverkehr einheitlichen Standards folgt. Geschäftsbriefe sollen einem bestimmten Muster folgen, damit nicht jeder schreibt, wie er lustig ist. Das macht auch Sinn! Soweit – so gut!

Ich glaube, dass es dem Leser aber ziemlich egal ist, ob die 2 Leerzeilen zwischen der Betreffzeile und der Anrede eingehalten wurden oder nicht. Die Einhaltung dieser Regel wird nicht entscheidend dafür sein, ob der Leser weiterliest. Dies setzt nämlich auch voraus, dass Dein Leser diese Regel selbst kennt. Und daran scheitert es bei vielen. Wie bei vielen anderen Formvorschriften der DIN ebenfalls.

Wenn diese und weitere Formvorschriften sowieso nicht bekannt sind, dann muss man sie auch nicht penibel einhalten. Denn entscheidend für das Weiterlesen wird der Inhalt eines Briefes sein, also am Anfang insbesondere die Betreffzeile. Ist sie ansprechend geschrieben und macht sie neugierig, dann ist es auch egal, ob die Anrede nach 2, 3 oder gar 4 Leerzeilen folgt. Überprüfe dies einmal selbst für Dich. Achte bei den nächsten 10 Schreiben, die Du liest, woran Du es festmachst, ob Du weiterliest.

DER BRIEFAUFBAU

Die DIN ist eine Empfehlung, allerdings kein Gesetz. Die DIN ist die Bibel des Schriftverkehrs, allerdings nicht das Grundgesetz. Du kannst mal hineinschauen, bist aber nicht gezwungen, sie zu befolgen.

Damit keine Missverständnisse entstehen: Eine gewisse Form in der Gestaltung und beim Aufbau von Briefen und E-Mails einzuhalten, macht schon Sinn, denn das Auge liest ja mit – im wahrsten Sinne des Wortes. Das Auge möchte es beim Lesen ja einfach und entspannt haben. Entscheidend ist aber am Ende immer der Inhalt des Schreibens, also das geschriebene Wort. Und dennoch wollen wir uns ein paar Punkte zum Aufbau eines Briefes anschauen.

DIE ANSCHRIFT

Dass die Anschrift und insbesondere auch der Name korrekt sein sollten, ist eigentlich selbstverständlich. Zum einen ist es sinnvoll, weil der Brief ja auch ankommen soll. Zum anderen hat der korrekte Name auch etwas mit Wertschätzung und Respekt der angeschriebenen Person zu tun. Hast Du schon mal einen Brief erhalten, in dem Dein Name falsch geschrieben war? Dann weißt Du, was ich meine. Viele sagen zwar immer: „Ist nicht so schlimm." Aber ist das wirklich so?

Schreibe den Namen Deines Adressaten korrekt und schreibe ihn vor die Firma.

× **Statt:**

× *Flott GmbH*
Frank Flott
Schnellstr.
Ratzfatzhausen

✓ **besser:**

✓ *Frank Flott*
Flott GmbH
Schnellstr.
Ratzfatzhausen

Damit stellst Du den Menschen statt das Unternehmen in den Vordergrund und zeigst so Deine Wertschätzung für die Person. Es ist die adressatenorientierte Korrespondenz. Denn, wenn Du mit dem Unternehmen Geschäfte machen möchtest, dann geht dies immer nur über und mit den Menschen, die für das Unternehmen handeln. Denn eine GmbH handelt ja nicht alleine. Sie braucht dafür immer den Geschäftsführer oder einen anderen Mitarbeiter.

Ein häufig genannter Einwand lautet, dass bei meiner vorgeschlagenen Schreibweise ja nur die Person Frank Flott den Brief öffnen dürfe. Dies mag in vielen Unternehmen gelebte Praxis sein, ist aber – rechtlich gesehen – falsch. Auch bei dieser Adressierung darf jeder im Unternehmen den Brief öffnen. Nur wenn „persönlich" oder „vertraulich" hinter dem Namen steht, darf ausschließlich der Adressat den Brief öffnen. Dazu gibt es sogar ein Gerichtsurteil (LAG Hamm, Urteil v. 19.02.2003, Az. 14 Sa 1972/02).

DAS DATUM

Das Datum gibt es in der Praxis in 3 Varianten.

Alphanumerisch:
6. Juli 2015

Numerisch national:
06.07.2015

Numerisch international:
2015-07-06

Wüsstest Du bei der internationalen Variante, ob es sich um den 6. Juli oder um den 7. Juni handelt? Die Verwirrung ist komplett, wenn man die Jahreszahl nur als 15 schreibt. Und Verwirrung ist das Letzte, was Du bei Deinem Leser erreichen solltest.

Die nationale numerische Variante ist sicher noch die gebräuchlichste und deshalb auch ein Grund künftig mal die alphanumerische Variante zu benutzen. Diese Variante ist durch den ausgeschriebenen Monat viel lesefreundlicher. Darüber hinaus fällst Du mit dieser Variante eher auf.

DER KOMMUNIKATIONSBLOCK

In Behörden- oder behördenähnlichen Briefen findest Du heute immer noch die Kommunikationszeile mit vielen Zeichen, deren Sinn sich für den Empfänger meist nicht erschließt.

Welchen Sinn macht es, dass der Empfänger weiß, dass das interne Zeichen von Steffi Schnell St-Sch ist? Ist das wichtig? Muss der Empfänger das wissen? Natürlich nicht. Und für wen steht das Kürzel JS? Sinnvoll sind Angaben, die für den Empfänger nützlich sind.

LANGWEILER GmbH

Kunden-Nr.	Auftrags-Nr.	Bearbeiter	Unser Zeichen
12345	67890	Steffi Schnell/JS	St-Sch/JS

Moderne Unternehmen benutzen den Kommunikationsblock im rechten Teil des Briefbogens.

Hier sollten dann so Infos stehen wie:

- Name des Ansprechpartners
- Telefonnummer bzw. Durchwahl des Ansprechpartners
- E-Mail-Adresse
- eventuell eingeschränkte Erreichbarkeiten
- Besonderheiten bei den Öffnungszeiten

Dann könnte dies so aussehen:

Heiko T. Ciesinski
Der Experte für Schriftverkehr

DL Service GmbH
Steinstr. 123
12346 Zackzack

Ihre Kunden-Nr.
12345

Ihre Auftrags-Nr.
67890

Ihre Ansprechpartnerin
Steffi Schnell

Sie erreichen mich
Mo -Fr von 8 – 12 Uhr

Durchwahl 13

DIE BETREFFZEILE

Die Betreffzeile ist der Blickfang eines jeden Briefs, weil sie am Anfang steht – abgesehen von Anschrift und Datum. Sie sticht also schon allein aufgrund der Platzierung besonders heraus. Dies wird durch den Fettdruck noch unterstrichen.

Die Betreffzeile hat 2 Funktionen. Sie gibt den Inhalt des Briefs kurz und knapp wieder, ist somit eine kurze Zusammenfassung. Zusätzlich soll Sie den Leser neugierig machen, damit er den Brief auch liest.

> Die Funktion der Betreffzeile:
> - Zusammenfassung des Inhalts
> - Neugier und Interesse wecken

Der Betreff steht alleine und kann auch 2-zeilig sein. Es steht weder das Wort „Betreff:“ noch die Abkürzung „Betr.:“ am Anfang der Zeile. Zumindest ist das seit etwa 20 oder 25 Jahren so. Da es selbst bis zu großen Unternehmen noch nicht durchgedrungen ist, erwähne ich dies der Ordnung halber hier noch einmal.

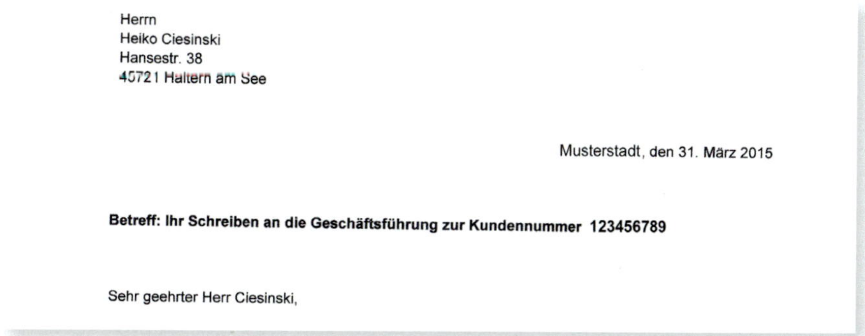
Herrn
Heiko Ciesinski
Hansestr. 38
45721 Haltern am See

Musterstadt, den 31. März 2015

Betreff: Ihr Schreiben an die Geschäftsführung zur Kundennummer 123456789

Sehr geehrter Herr Ciesinski,

Betreffzeile eines grossen Telekommunikationsanbieters

DIE ANREDE

Die DIN empfiehlt „Sehr geehrte Frau ...“ oder „Sehr geehrter Herr ...“ zu schreiben. Aber die DIN kümmert sich auch nicht um Kundenorientierung. Diese Formulierungen sind seit Jahrzehnten gebräuchlich und damit Standard. Sie sind in fast jedem Brief und jeder E-Mail zu lesen und damit langweilig und altbacken. Wenn Du Dich mit diesem zentralen Baustein abheben möchtest, dann lies weiter.

DER BRIEFTEXT

Der Einstiegssatz in den Brieftext hat als 1. Satz nach der Anrede eine besondere Bedeutung. Er kann den Leser in den Brief hineinziehen, die Neugier verstärken oder ihn abschrecken, weiter zu lesen. Dieser Satz kann den Gedanken der Betreffzeile noch einmal aufnehmen, vertiefen und so weiteres Interesse auf den Brief wecken.

Jeden eigenständigen Gedanken solltest Du in einen eigenen Absatz packen. Jeder Absatz sollte maximal 7 Zeilen umfassen. Und nach jedem Absatz lässt Du 1 Leerzeile Platz. Einen übersichtlichen und gut strukturierten Text wird der Leser lieber lesen als einen Text, der ohne Absätze geschrieben ist.

BLOCKSATZ ODER FLATTERSATZ?

Der Blocksatz sieht vielleicht im ersten Moment ordentlicher aus, weil alle Zeilen rechtsbündig abschließen. Ordentlich heißt aber auch ein langweiliges Schriftbild mit vielen unschönen und unregelmäßigen Wortabständen.

Beim Flattersatz kann sich das Auge viel leichter an den ausgefranzten Zeilen orientieren. Der Text ist einfacher zu lesen und ist aufgelockerter. Da der Nutzen für den Leser immer im Vordergrund steht, solltest Du den Flattersatz für Deine Briefe benutzen.

LANGWEILER GmbH

Hallo Frau Clever,

vielen Dank, dass Sie sich für das Hörbuch „Kundenbriefe sind wie Liebesbriefe – und E-Mails auch" entschieden haben. Eine gute Entscheidung!

Dieses Hörbuch ist die Zusammenfassung des gleichnamigen Seminars. Es wird Ihnen eine Menge Anregungen geben, um Ihre Briefe und E-Mails an Kunden – Angebote, Auftrags- und Terminbestätigungen, Rechnungen und Mahnungen – zu wahren Liebesbriefen zu machen. Und bestimmt findet auch mal eines meiner Seminare in Ihrer Nähe statt …

Oder Sie entscheiden sich für den E-Mail-Kurs „Kundenbriefe sind wie Liebesbriefe – und E-Mails auch". Dort erhalten Sie jede Woche einen praxisorientierten Tipp, um Ihre Kundenschreiben noch erfolgreicher zu machen. Gehen Sie dazu einfach auf www.Kundenbriefe-sind-wie-Liebesbriefe.de. Und schon können Sie starten!
Und mit 1 zusätzlich erzielten Auftrag haben Sie die Investition ganz schnell wieder heraus!

Und nun viel Spaß mit dem Hörbuch & gute Geschäfte
wünscht Ihnen

Heiko T. Ciesinski
Der Unternehmer-Coach

BLOCKSATZ

Heiko T. Ciesinski
Der Experte für Schriftverkehr

Hallo Frau Clever,

vielen Dank, dass Sie sich für das Hörbuch „Kundenbriefe sind wie Liebesbriefe – und E-Mails auch" entschieden haben. Eine gute Entscheidung!

Dieses Hörbuch ist die Zusammenfassung des gleichnamigen Seminars. Es wird Ihnen
eine Menge Anregungen geben, um Ihre Briefe und E-Mails an Kunden – Angebote,
Auftrags- und Terminbestätigungen, Rechnungen und Mahnungen – zu wahren
Liebesbriefen zu machen. Und bestimmt findet auch mal eines meiner Seminare in
Ihrer Nähe statt …

Oder Sie entscheiden sich für den E-Mail-Kurs „Kundenbriefe sind wie Liebesbriefe –
und E-Mails auch". Dort erhalten Sie jede Woche einen praxisorientierten Tipp, um Ihre
Kundenschreiben noch erfolgreicher zu machen. Gehen Sie dazu einfach auf
www.Kundenbriefe-sind-wie-Liebesbriefe.de. Und schon können Sie starten!
Und mit 1 zusätzlich erzielten Auftrag haben Sie die Investition ganz schnell wieder
heraus!

Und nun viel Spaß mit dem Hörbuch & gute Geschäfte
wünscht Ihnen

Heiko T. Ciesinski
Der Unternehmer-Coach

FLATTERSATZ

DIE GRUSSFORMEL

Hier gilt Ähnliches wie bei der Anrede. Die DIN empfiehlt „Mit freundlichen Grüßen“. Dies ist selbstverständlich nicht falsch. Es ist nur langweilig, weil wir diese Grußformel in über 87 Prozent der deutschsprachigen Schreiben lesen. Und dies schon seit Jahrzehnten. Wenn Du Dich hier mit diesem zentralen Baustein mit pfiffigen und anderen Formulierungen abheben möchtest, dann lies weiter.

DIE ANLAGEN

Welchen Sinn hat der Hinweis auf Anlagen?

In meinen Seminaren höre ich oft so Argumente wie „Damit der Leser weiß, was in dem Brief ist.“ Aber sieht der Leser das nicht? „Ja, aber man könnte ja mal etwas vergessen haben“, kommt dann sehr oft als Antwort. Angenommen, Du schickst Deinem Interessenten ein Schreiben mit einem Angebot. Kann man dann wirklich vergessen, das Angebot in den Umschlag zu packen? Selbst wenn das Angebot fehlen sollte, wird der Empfänger sich wahrscheinlich melden. Und wenn nicht, dann hast Du es auch nicht verdient, dieses Geschäft zu machen. Verzichte darauf, die Anlagen einzeln aufzuführen. Es ist unübersichtlich, überflüssig und altbacken.

Manchmal nehmen die Anlagen einen größeren Raum ein als das eigentliche Schreiben. Und noch weniger Sinn macht es, nur das Wort „Anlagen“ zu schreiben, da der Leser hier weder weiß, welche, noch wie viele Anlagen es sind. Wenn Du einen Hinweis auf Deine Anlagen geben möchtest, dann tu dies in einem indirekten Hinweis. Schreibe beispielsweise: „Weitere Vorteile finden Sie auf Seite 3 im Angebot." Dies ist eine moderne und pfiffige Möglichkeit auf Anlagen hinzuweisen. Und sie bringt dem Leser einen Nutzen. Der Begriff „Anlagen" macht sich gut in altbackenen Behördenbriefen, aber nicht in modernen kundenorientierten Briefen.

DIE PS-ZEILE

Die PS-Zeile ist ein Relikt aus früheren Zeiten, als Briefe noch mit der Hand oder zumindest mit der Schreibmaschine geschrieben wurden. Das PS steht für Postskriptum. Und für die Nichtlateiner wie mich: Es heißt „nach dem Geschriebenen" oder „nachträglich geschrieben". Die richtige Abkürzung für das Postskriptum lautet PS: *Beispieltext*. Der Briefeschreiber konnte hier einen wichtigen, nachträglich aufgekommenen Punkt hinzufügen, ohne dass der ganze Brief gleich neu geschrieben werden musste. Im Zeitalter des PC und der Möglichkeit einen Brief einfach noch einmal auszudrucken, hat das PS seine ursprüngliche Bedeutung verloren. Und doch gibt es gute Gründe, das PS in einen Brief aufzunehmen. Mehr dazu im nächsten Kapitel.

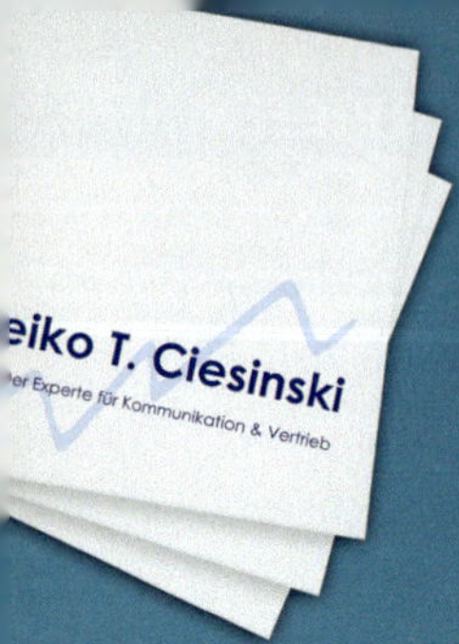

KAPITEL 5

SO GELINGT EIN GUTER KUNDEN-LIEBESBRIEF

Ein guter Kundenbrief ist ein Brief, der wahrgenommen und gelesen wird. Im besten Fall tut Dein Kunde genau das, was Du von ihm möchtest, weil Du ihn davon überzeugt hast, dass dies gut für ihn ist. Und wenn ich „Brief“ schreibe, dann meine ich natürlich auch die E-Mail. Wenn Du einen guten Brief oder eine gute E-Mail an Deinen Kunden schreiben willst, dann solltest Du die folgenden Tipps umsetzen.

DIE WICHTIGSTE REGEL IM SCHRIFTVERKEHR

Wenn Du nichts aus diesem Buch behalten und umsetzen würdest, sondern nur diese Regel, die wichtigste Regel des Schriftverkehrs, Du könntest Dir den Rest daraus ableiten.

Die wichtigste Regel stammt von einem der größten deutschen Dichter und Denker. An wen denkst Du ganz spontan? Er hat diesen Satz damals am 7. Dezember 1765, also vor über 250 Jahren zu seiner Schwester gesagt beziehungsweise in einem Brief geschrieben. Seine Schwester meinte, Sie könne keine Briefe schreiben. Und Johann Wolfgang von Goethe (1749-1832) schrieb ihr zurück: „Schreibe nur wie du reden würdest, und so wirst du einen guten Brief schreiben.“

Und bereits 1743, also einige Jahre zuvor, gab Gotthold Ephraim Lessing, deutscher Schriftsteller und Philosoph (1729-1781), ebenfalls seiner Schwester den Rat: „Schreibe wie du redest, so schreibst du schön.“

Daraus hat sich die wichtigste Regel des Schriftverkehrs abgeleitet:

„SCHREIBE SO, WIE DU SPRICHST, NUR SORGFÄLTIGER."

Damit vermeidest Du einen abgehobenen und distanzierten Behördenstil. Du schreibst damit persönliche und individuelle Briefe und E-Mails, die verstanden werden.

Vielleicht kennst Du folgende Situation? Du telefonierst mit einem Menschen, beispielsweise um ein Geschäft anzubahnen, also ein erstes Akquise-Gespräch. Es ist ein sympathisches Gespräch, bei dem ihr vielleicht sogar miteinander gelacht habt, zumindest aber mal geschmunzelt. Also ein Gespräch in einer positiven Atmosphäre. Nun erhältst Du eine E-Mail von Deinem Gesprächspartner mit einigen Info-Materialien. Und Du denkst: „Diese E-Mail kann unmöglich von ihm sein. Sie ist so ganz anders, sie passt nicht zu der sympathischen und lockeren Grundstimmung in dem Gespräch." Sie passt überhaupt nicht zu dem Menschen, mit dem Du gerade gesprochen hast. Kennst Du so etwas? Ich ja.
Zur Genüge.

Warum ist das so, dass viele Menschen in E-Mails und noch mehr in Briefen in den Behördenstil verfallen? In meinen Seminaren höre ich so Antworten wie „Das haben wir so gelernt" und „Das haben wir schon immer so gemacht" oder „So schreibt man halt in der Korrespondenz." Ich habe allerdings noch nie gehört, dass jemand gesagt hat, dass dieser „übliche" Stil schön ist, sich gut anhört oder gut aussieht. Warum wohl nicht? Weil dieser Stil nun mal keinem gefällt – bis auf ganz wenige Ausnahmen vielleicht. Macht es dann nicht Sinn, mal darüber nachzudenken, welcher Stil dem Adressaten eines Briefes oder einer E-Mail gefallen könnte? Und was überhaupt der Sinn eines Briefes oder einer E-Mail ist?

In einer E-Mail und natürlich auch in einem Brief geht es darum, den anderen für Dich zu gewinnen, ihn von Deiner Meinung zu überzeugen oder ihn zum Handeln zu bewegen, ähnlich wie in einem Gespräch. Alles das, was

Du in einer E-Mail schreibst, könntest Du Deinem Leser auch am Telefon oder im Büro sagen. Wenn Du Deinem Interessenten ein Angebot mit einem kurzen Anschreiben zuschickst, könntest Du ihm dieses Angebot genauso gut im Büro mit 2 bis 3 Sätzen übergeben. Und den Text eines Mahnschreibens könntest Du Deinem Kunden genauso gut am Telefon sagen, stimmt's?

Würdest Du im Gespräch Floskeln und Standardformulierungen benutzen und Deinen Gesprächspartner so langweilen? Würdest Du ihm in der Anlage das Angebot übergeben? Vermutlich nicht! Du würdest Deine Persönlichkeit einfließen lassen und „ganz normal" reden. Du würdest Dich sicher nicht verstellen, um besonders geschäftsmäßig zu erscheinen. Vermutlich würdest Du einfach so sein, wie Du halt bist. Du bleibst authentisch, um den Anderen so von Dir zu überzeugen.

Bleib deshalb auch in der Korrespondenz authentisch und verstell Dich nicht. Bring stattdessen Deine Persönlichkeit in Deine Schreiben hinein. Denn mit Deiner Persönlichkeit gewinnst Du Deine Kunden – in persönlichen Gesprächen wie auch in E-Mails und Briefen. Dein großes Plus ist, dass diese Persönlichkeit in den E-Mails und Briefen bei den meisten Deiner Wettbewerber fehlt.

Wenn Du künftig mal nicht weißt, wie Du etwas am besten formulieren sollst, dann überlege Dir, wie Du es formulieren würdest, wenn der Kunde vor Dir steht oder Du ihn am Telefon hast. So kannst Du jedes schwierige Formulierungsproblem lösen. Denn in Gesprächen wissen wir immer, wie wir etwas ausdrücken. Nur beim Schreiben tun sich die meisten schwer. Und warum? Weil sie sich verstellen und nicht sie selbst sind. Ich merke dies immer wieder in meinen Seminaren. Wenn die Teilnehmer sie selbst sind, dann kommen in den Übungen die besten Lösungen heraus – erst gesprochen und dann müssen die Lösungen nur noch aufgeschrieben werden. Dann noch etwas an den umgangssprachlichen Formulierungen feilen und schon ist der neue Schreibstil fertig! Denn es heißt ja „Schreibe so, wie Du sprichst, **nur sorgfältiger**."

DIE AUSSAGEKRÄFTIGE BETREFFZEILE

Die Betreffzeile dient sowohl im Brief als auch in der E-Mail als Zusammenfassung des Geschriebenen. Sie soll den Leser darüber hinaus neugierig machen und Interesse wecken, damit er den Brief auch liest und die E-Mail öffnet. In der E-Mail gilt dies umso mehr, weil die Betreffzeile je nach Provider oder Einstellung der Ansicht, das Einzige ist, was Dein Adressat von der E-Mail sieht. Zusammenfassen und neugierig machen, hört sich vielleicht erst einmal widersprüchlich an, ist es aber gar nicht. Schauen wir uns eine oft benutzte Betreffzeile in einem Angebot an. Meist lautet sie „Angebot“. Zusammenfassung: ja – neugierig machen und Interesse wecken? Naja ...

Und wie kannst Du nun Interesse wecken? Stell in der Betreffzeile den Nutzen für den Leser heraus, sodass er gleich weiß, warum er Dein Angebot annehmen soll. Formuliere emotional ansprechend und in bildhafter Sprache, da diese Formulierungen direkt ins Unterbewusstsein gehen und dort viel besser und länger abgespeichert werden. „Ihr Traum der eigenen 4 Wände wird Realität“, vereint als Betreffzeile für ein Bauunternehmen die gerade genannten Punkte. Die Betreffzeile wird fett gedruckt und kann 2-zeilig sein. Oft steht dann in der 1. Zeile der kundenorientierte Text und in der 2. Zeile die eher sachlichen Informationen wie Angebots- oder Kundennummern. Die Betreffzeile kann auch in einer anderen Farbe gedruckt werden, beispielsweise in den Unternehmensfarben.

Denkbar ist auch, dass Du grafische Elemente oder Bilder in die Betreffzeile einbaust. So könnte der Bauunternehmer ein Bild des Hauses, welches er für seinen künftigen Kunden bauen möchte, neben der Betreffzeile platzieren. Oder das Sanitärunternehmen baut Vorher-Nachher-Bilder ein, um so deutlich zu machen, wie das neue Badezimmer aussehen wird. So wird der Nutzen für den Leser sehr anschaulich dargestellt – denn ein Bild sagt mehr als 1000 Worte.

Nutzenformulierungen	Mehr Umsatz & neue Kunden Ihr Treuegeschenk
Emotional formulieren	Etwas ganz Besonderes für Sie! Ihre Wellness-Oase
Bildhafte Sprache	Zuverlässigkeit aus einer Hand Picken Sie sich die Rosinen heraus
Wortspiele	sparsam + sauber + sicher Heiße Geräte – Coole Preise
Redewendungen	Der Ärger über schlechte Qualität währt länger, als die kurze Freude am niedrigen Preis.

POSITIVE NACHRICHTEN HERVORHEBEN

Positive Botschaften solltest Du in der Betreffzeile hervorheben, indem Du den positiven Aspekt noch verstärkst. Statt einfach nur den sachlich-nüchternen Begriff „Auftragsbestätigung" zu benutzen, gratuliere Deinem Kunden doch zu seiner guten und richtigen Entscheidung mit einer emotionalen Formulierung.

„Herzlichen Glückwunsch" sollte natürlich zu dem passen, was Du gerade für Deinen Kunden machst. Für manche ist das etwas zu übertrieben, für andere wiederum genau passend. Entscheide selbst, was zu Dir und Deinem Auftrag passt!

Auftragsbestätigung	Herzlichen Glückwunsch! Eine gute Entscheidung! Nun geht es bald los!
Terminbestätigung	Passt es bei Ihnen am 24. März? Wir sind schon fast auf dem Weg ...
Versandbestätigung	Wir haben gute Nachrichten für Sie! Ihre Hemden sind schon unterwegs!
Buchungsbestätigung	Ihre Urlaubsplanung kann beginnen...

NEGATIVE NACHRICHTEN ABSCHWÄCHEN

Damit Dein Leser nicht gleich als erstes eine negative Nachricht wahrnimmt, solltest Du eine negative Botschaft in der Betreffzeile etwas zurücknehmen und eher neutral darstellen. Statt von der „Kündigung des Liefervertrages“ zu schreiben, kannst Du auch erst einmal ganz neutral „Liefervertrag“ formulieren.

Und bei einer Antwort auf eine Reklamation oder Beschwerde eines Kunden verzichte auf negativ geprägte Begriffe wie „Reklamation“, „Beschwerde“ oder „Kritik“. Stattdessen benutze positive oder neutrale Begriffe und bedanke Dich für den Hinweis, die Anregung oder die Unterstützung des Kunden. Mehr dazu erfährst Du ab Seite 188.

Kündigung Liefervertrag	Ihr Liefervertrag
Kündigung der Abbuchung	Ihre Abbuchung
Ihre Reklamation	Vielen Dank für Ihren Hinweis!

Und nun eine Übung: Ersetze die nüchternen und langweiligen Betreffzeilen auf der linken Seite durch kundenorientierte Betreffzeilen.

Ihr Schreiben vom ...

Info-Paket

Ihre Terminanfrage

Auftragsbestätigung

Fehlende Unterlagen

Terminbestätigung

Leasingangebot

Reklamation

Mahnung

Kündigungsbestätigung

Ihr Angebot

MEINE LÖSUNGSVORSCHLÄGE:

Ihr Schreiben vom ...	▶ Ihre Frage zu ...
Info-Paket	▶ 101 Lösungen für Ihr Bad!
Ihre Terminanfrage	▶ Wann passt es Ihnen? ▶ Können wir uns am 13.9. treffen? ▶ Haben Sie am 13.9. Zeit?
Auftragsbestätigung	▶ Es kann losgehen! ▶ Wir stehen in den Startlöchern! ▶ Herzlich willkommen! ▶ Haben wir alles richtig wiedergegeben? ▶ Eine gute Entscheidung!
Fehlende Unterlagen	▶ Ein paar Unterlagen fehlen noch ... ▶ Bitte unterstützen Sie uns!
Terminbestätigung	▶ Wir nehmen uns Zeit für Sie. ▶ Unser Kennenlern-Termin: ▶ Save the date:
Leasingangebot	▶ Das least sich gut ... ▶ Leasen statt kaufen – und so Geld sparen!
Reklamation	▶ Wir kümmern uns darum ... ▶ Das hätte nicht passieren dürfen! ▶ Bitte entschuldigen Sie!

Mahnung	▸ Schön, dass Sie bei uns waren! ▸ Wir vermissen etwas! ▸ Das kann ja mal passieren.
Kündigungsbestätigung	▸ Schade, dass Sie uns verlassen wollen! ▸ Wir werden Sie vermissen! ▸ Was können wir tun, damit Sie es sich noch mal überlegen? ▸ Haben Sie alle wichtigen Punkte miteinander verglichen?
Ihr Angebot	▸ Sichern Sie sich Zuverlässigkeit aus einer Hand. ▸ Warum Sie mit uns zusammenarbeiten sollten …

Da Angebote die wichtigsten Schreiben sind, schauen wir uns jetzt noch ein paar weitere Betreffzeilen für Angebote an.

Wie könnte die Betreffzeile für einen Bauunternehmer lauten, der ein Angebot für den Bau eines Hauses abgibt?

____

Und bei einem Maler?

____

Und für einen Elektriker?

____

Und bei einem Küchenstudio?

____

Oder für ein Autohaus?

____

Oder bei dem IT-Dienstleister?

____

Oder für einen Anlageberater?

____

Oder bei einer Steuerberaterin?

____

MEINE LÖSUNGSVORSCHLÄGE

Die Betreffzeile für einen Bauunternehmer, der ein Angebot für den Bau eines Hauses abgibt, könnte lauten:

- Ihr Lebenstraum wird Realität
- Ihre eigenen 4 Wände – bald ist es soweit!

Und bei einem Maler:

- Frische Farbe für Ihr Lieblingszimmer
- Pinsel und Farbeimer stehen schon bereit!

Und bei einem Elektriker:

- Wir machen Watt ihr Volt – und das mit Spannung
- Zeit sparen & Sicherheit gewinnen durch SmartHome

Und bei einem Küchenstudio:

- Kochen Sie demnächst wie die Profis
- Freuen Sie sich schon auf Ihr ‚Erstes Mal'!

Oder für ein Autohaus:

- Ihr Traum auf 4 Rädern wartet schon auf Sie
- Oben ohne *(für ein Cabrio)*

Oder für den IT-Dienstleister:

- Zeit und Geld sparen durch schnelle Internetverbindungen
- Wir sind auch am Wochenende für Sie da!

Oder für einen Anlageberater:

- 10 Jahre eher in den Ruhestand
- Auch im Ruhestand immer genügend Geld haben

Oder für eine Steuerberaterin:

- Zeit sparen & Nerven schonen
- Nutzen Sie Ihre Zeit besser als für Ihre Steuererklärung

Es gibt noch einige Formulierungen, die für alle Branchen denkbar sind. Worum geht es denn in einem Angebot? Es geht darum dem Interessenten eine Entscheidungshilfe zu geben, warum er mit Dir zusammenarbeiten soll, richtig? Dann nimm doch genau diese Formulierung als Betreffzeile und schreibe:

- Warum Sie mit uns zusammenarbeiten sollten
- Warum Sie sich für uns entscheiden sollten
- Warum Sie uns den Auftrag geben sollten
- Die Vorteile unserer Zusammenarbeit
- 5 gute Gründe für eine Zusammenarbeit

Diese Formulierungen passen auch gut als Betreffzeile für Terminbestätigungen.

Eine pfiffige und moderne Variante ist es, den Betreff in den Brief hineinfließen zu lassen.

Bitte entschuldigen Sie, ...

Herr Nörgel,
dass wir Ihnen erst heute schreiben.

Bei dieser Variante stellt die Betreffzeile den Satzbeginn dar und geht dann ohne die übliche Anrede in den Brief über. Als Anrede wird hier einfach nur der Name des Adressaten genommen. Die Kernaussage „Entschuldigung" steht praktisch schon in der Betreffzeile. Der Leser wird so von der Betreffzeile direkt in den Brieftext hineingezogen. Weil die Kernaussage direkt in der Betreffzeile steht, ist diese Variante auch sehr gut für die E-Mail geeignet. Dies könnte dann so aussehen:

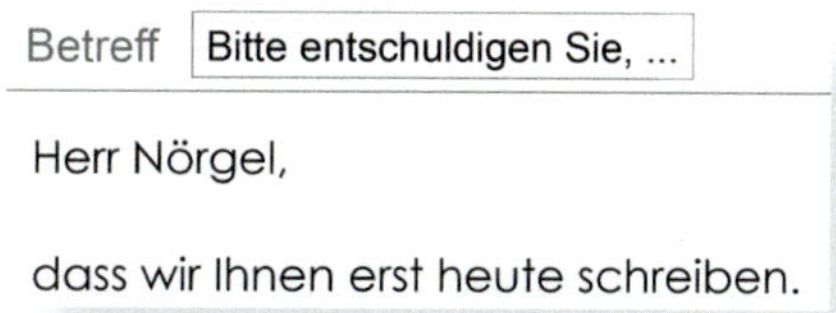

Bei der E-Mail gibt es neben der Zusammenfassung und dem Ziel, den Leser neugierig zu machen noch eine 3. Funktion: die Suchfunktion. Das heißt, der Leser gibt einen Suchbegriff ein, um eine bestimmte E-Mail zu finden. Sinnvoll ist es, wenn sich dieser Begriff dann auch in der Betreffzeile wiederfindet, das erleichtert den Suchvorgang. Wenn es sich also um eine Rechnung handelt, sollte auch das Wort „Rechnung" in der Betreffzeile stehen – neben einer kundenorientierten Formulierung.

DIE ANREDE

In 92 Prozent der Geschäftsbriefe in Deutschland lautet die Anrede „Sehr geehrte Frau ...“ oder „Sehr geehrter Herr ...“. Eine wenig originelle und noch dazu sehr steife und distanzierte Anrede. Würdest Du einen Kunden, der zu einem Kundentermin kommt oder der Dich anruft, mit „Sehr geehrter Herr ...“ anreden? Wohl kaum. So spricht man nicht! Deshalb ist klar, dass diese antiquierte und altbackene Formulierung ab sofort der Vergangenheit angehören sollte. Und was schreibst Du stattdessen künftig? Wenn Du noch einmal an die wichtigste Regel denkst, so zu schreiben, wie wir sprechen, dann sollte die Lösung ganz einfach sein.

„Guten Tag“ ist der übliche gesprochene Gruß, den Du überall in Deutschland benutzen kannst. Diese Anrede solltest Du dann auch in einem Brief oder einer E-Mail verwenden. In E-Mails geht vormittags natürlich auch „Guten Morgen“.

So mancher Seminarteilnehmer tut sich mit der Formulierung „Guten Tag“ schwer. Als Begründung kommt dann oft, man könne doch nicht so locker formulieren. Naja, man kann ja auch so locker mit einem Kunden reden. Und manchmal kommt als Begründung ein „Weiß nicht“. Wahrscheinlich ist es oft einfach nur die Unsicherheit, die uns abhält, mal etwas Neues auszuprobieren.

Wenn Du von dem „Sehr geehrt“ nicht lassen kannst, kannst Du es auch mit dem „Guten Tag“ kombinieren. Dann lautet die Anrede „Guten Tag, sehr geehrter Herr ...“ oder „Sehr geehrte Frau ..., guten Tag“. Ist nicht mein Favorit, aber immer noch besser als das „Sehr geehrt“ alleine zu schreiben.

Die Variante, bei der der Name oder sogar die komplette Anrede von Hand geschrieben wird, ist eine sehr moderne Variante. Diese Variante erfordert ein wenig Mut und bietet dafür die Chance auf der persönlichen Ebene zu punkten. Diese Form der Anrede hebt Dich aus der Masse heraus und macht Deinen Brief sehr individuell.

Die Formulierung „Liebe“ oder „Lieber“ solltest Du nur für Kunden nehmen, zu denen Du ein sehr gutes, ja fast schon freundschaftliches Verhältnis hast, ansonsten klingt es sehr schnell anbiedernd. Für Glückwünsche geht diese Anrede grundsätzlich immer für alle Kunden.

Die Anrede „Hallo“ ist für E-Mails sehr gut geeignet und je nach persönlicher Ansicht auch für Briefe. Interessanterweise ist diese Anrede oft ein großer Diskussionspunkt in meinen Seminaren. „Kann man so schreiben, ist ‚Hallo‘ nicht zu salopp?“, fragen manche Teilnehmer. In E-Mails benutzen sehr viele diese Anrede, in Briefen tun sich die meisten schwer. Und die, die sich auch in der E-Mail mit dem „Hallo“ schwertun, empfinden es meist als völlig in Ordnung, wenn sie selbst so angeschrieben werden.

Mach die Anrede von Deinem Gegenüber abhängig. Wenn Du unsicher bist, schreibst Du in der 1. E-Mail „Guten Tag“ und gehst dann zum „Hallo“ über. Manche wollen das „Hallo“ erst dann benutzen, wenn ihr Gegenüber als Erstes „Hallo“ schreibt. Nur, wenn er oder sie es nicht nutzt, dann werdet ihr nie zum

„Hallo“ übergehen und ewig beim „Sehr geehrt“ bleiben. Und Du willst doch kundenorientiert schreiben ... Also nimm die Anrede „Hallo“.

Regionale Anreden wie das norddeutsche „Moin“ oder das bayrische „Grüß Gott“ sind ebenfalls denkbar und absolut in Ordnung. Sie spiegeln die regionale Vielfalt in Deutschland wieder und sollten unbedingt eingesetzt werden. Du kannst diese Anreden benutzen, wenn Dein Unternehmen seinen Sitz in dieser Region hat oder wenn Dein Kunde in dieser Region wohnt.

Guten Tag Herr Retisch
ist höflich, anders und nicht distanziert

Guten Tag, sehr geehrter Herr Retisch oder
Sehr geehrter Herr Retisch, guten Tag
verbindet den langweiligen Klassiker mit dem
Gruß der Sprache – ein Kompromiss

Guten Tag Theo Retisch
ist eine moderne Ansprache

Guten Tag **Herr Retisch** *oder* **Guten Tag Herr Retisch**
ist eine pfiffige Variante, da mit der Hand geschrieben

Lieber Herr Retisch
ist eine sehr vertraute Anrede für sehr gute Kunden

Hallo Herr Retisch
lockere Anrede, besonders für E-Mails geeignet

DER POSITIVE EINSTIEG

Nach einer guten Betreffzeile kannst Du mit einem floskelhaften und langweiligen Einstiegssatz den guten Eindruck wieder zunichtemachen – oder mit einem ansprechenden Einstieg bestätigen und weiteres Interesse für Dein Schreiben beim Leser wecken.

Als Einstiegssatz nach der Begrüßung findet man oft so Klassiker wie:

- In der Anlage schicken wir Ihnen
- Bezug nehmend auf
- Wie besprochen
- Wir freuen uns, ...
- *Es tut uns leid, dass ...*

Dies ist langweilig, altbacken und kennzeichnet den Behördenbrief. Als modernes und kundenorientiertes Unternehmen kannst Du an dieser wichtigen Stelle durch einen positiven und wertschätzenden Einstieg beim Leser punkten. Da Du in den meisten Fällen vermutlich schon Kontakt mit Deinem Adressaten hattest, gibt es sicher irgendetwas, wofür Du Deinem Leser danken kannst. Und selbst ohne persönlichen oder telefonischen Kontakt geht ein „Danke" immer.

- Vielen Dank für das sympathische Gespräch mit Ihnen!
- Vielen Dank für Ihre E-Mail!
- Vielen Dank für Ihr Interesse an ...
- Herzlichen Dank für Ihre Anfrage vom ...
- Ein dickes Dankeschön für Ihren Hinweis auf ...

Oder Du steigst mit einem positiven Satz ein, der dem Leser ein gutes Gefühl bereitet:

- Mit Ihren ausführlichen Informationen haben Sie uns ein gutes Bild von Ihrem Projekt vermittelt.
- Das informative Gespräch bei Ihnen hat uns sehr geholfen.
- Versprochen ist versprochen.
- Sofort nach unserem Gespräch habe ich mich an die Arbeit gemacht und die Unterlagen für Sie zusammengestellt.
- Heute erhalten Sie die frisch gedruckten Prospekte für ...
- Das gewünschte Info-Material halten Sie gerade in Ihren Händen.

Oder Du formulierst einen Satz, bei dem Dein Leser gedanklich zustimmt:

- Schön, dass Sie uns beim Kauf Ihrer neuen Garage in die engere Wahl genommen haben. Eine gute Entscheidung!
- Schön, dass Sie sich für ein Angebot interessieren. Hier ist unser Vorschlag.
- Sie interessieren sich für … !? Diese Unterlagen informieren Sie ausführlich darüber.

Oder Du stellst eine Frage, die der Leser sich direkt beantwortet und somit automatisch in Dein Schreiben hineingezogen wird:

- Haben Sie schon … getestet?
- Kennen Sie schon …?
- Haben Sie schon einmal darüber nachgedacht, …?
- Was fällt Ihnen ein, wenn Sie an … denken?
- Unter welchen Voraussetzungen, können Sie sich vorstellen …?

Du siehst, es gibt eine Menge anderer Formulierungen, die Du je nach Situation variieren kannst, sodass Du auf die langweiligen Behörden-Einstiegssätze verzichten kannst.

SIE STATT WIR – DER KUNDE STEHT IM MITTELPUNKT

Wer steht bei einem Liebesbrief im Mittelpunkt? Na klar, der oder die Liebste, logisch. Und wer sollte bei einem Brief, zum Beispiel einem Angebotsbegleitschreiben, an Deinen Kunden im Mittelpunkt stehen? Na klar, der Kunde – auch logisch.

Und wer steht in den meisten Schreiben tatsächlich im Mittelpunkt?

„Wir bieten“, „Wir benötigen“, „Wir schicken“, „Wir gewähren“ und der Klassiker schlechthin „Wir freuen uns auf Ihren Auftrag.“ Wir, wir und nochmals wir.

Statt nur von uns zu reden, sollten wir die wichtigste Person in einem Schreiben an den Kunden in den Mittelpunkt stellen: den Kunden. Jeder weiß es, jedem ist es klar und doch tun es die Wenigsten. Die meisten Briefe und E-Mails sind in der Wir- oder Ich-Perspektive geschrieben. Man spricht auch vom Wir-Stil. Sie sollten aber in der Sie-Perspektive, auch Sie-Stil genannt, geschrieben sein, um den Kunden in den Mittelpunkt zu stellen.

Durch Verwendung des Pronomens „Sie", sprichst Du den Leser direkt an. Du stellst ihn so in den Mittelpunkt Deines Schreibens und zeigst ihm damit, dass Du auf ihn und seine Wünsche eingehst. In der Sie-Perspektive kannst Du den Nutzen und die Vorteile für den Leser viel besser und deutlicher herausstellen.

Da die meisten Absender diesen Stil nicht oder allenfalls in Ansätzen benutzen, schaffst Du durch diese Perspektive eine hohe Aufmerksamkeit. Der Kunde wird dadurch auch im Schriftverkehr in den Mittelpunkt gestellt.

DER PERSPEKTIVENTEST

Ob ein Brief oder eine E-Mail kundenorientiert geschrieben ist, das kannst Du mit dem Perspektiventest mal eben ganz schnell selbst überprüfen. Zähle in dem folgenden Schreiben nur die Pronomen „Sie" und „Wir" und mache für

LANGWEiLER GmbH

Herr
Stefan Sparsam
Teure Strasse 55
12345 Geizhausen

Angebot

Sehr geehrter Herr Sparsam,

wir freuen uns, Ihnen als Anlage das Angebot zusenden zu dürfen.
Wir bitten um Prüfung des Angebots sowie um Unterzeichnung und Rücksendung einer Ausfertigung.

Für Rückfragen stehen wir Ihnen gerne zur Verfügung.

Mit freundlichen Grüßen

jedes „Sie" und „Wir" einen Strich. Und bitte nur die Wörter „Sie" und „Wir"– nicht die Wörter „Ihnen" oder „uns".

Notiere hier Deine Ergebnisse:	
Sie	Wir
____	____

Auf welches Ergebnis bist Du gekommen? Das Verhältnis von „Sie" zu „Wir" lautet 0:3. Hier muss man nun wirklich kein Experte sein, um zu dem Schluss zu kommen, dass dieses Schreiben nur recht wenig mit Kundenorientierung zu tun hat. Wenn bei einem solch kurzen Schreiben gleich 3-mal das Pronomen „Wir" vorkommt und kein einziges Mal das „Sie", dann hat der Schreiber wohl die wichtigste Person – den Kunden - irgendwie vergessen.

Diesen Test solltest Du auch mit Deinen Schreiben machen. Um ein Gefühl dafür zu bekommen, wie stark die Kundenorientierung in Deinen Schreiben ausgeprägt ist. Und wo Du als erstes ansetzen solltest.

In einem kundenorientierten Schreiben sollte der Sie-Stil gegenüber dem Wir-Stil mit einem Verhältnis von 3:1 vorherrschen – oder ein Vielfaches davon. Dann steht der Kunde auch wirklich im Mittelpunkt. Es geht nicht darum, dass in Deinen Schreiben nun nie wieder das Wörtchen „Wir" oder „Ich" verwendet werden darf. Es geht um das richtige Verhältnis mit einem deutlichen Übergewicht für die Sie-Perspektive: 3:1 oder ein Vielfaches davon, also 6:2 oder 9:3. Bei 9-mal „Sie" ist es dann am Ende auch egal, ob Du 3-mal oder 4-mal „Wir" verwendest. Also bitte nicht mit dem Rechenschieber drangehen. Lass am besten Dein Gefühl entscheiden. Schreibe in der Sie-Perspektive und stell den Adressaten so in den Mittelpunkt. In der Sie-Perspektive wird aus dem „Wir" oder „Ich“ ein „Sie“. Und wie lautet dann der folgende Satz?

× *Wir schicken Ihnen das Angebot.*

Wie setzt Du nun die Sie-Perspektive um? Wie machst Du aus dem „Wir“ ein „Sie“? Versetz Dich in die Situation des Kunden und betrachte den beschriebenen Sachverhalt aus der Sicht des Kunden. Frag Dich einfach, was es für den Kunden bedeutet, wenn wir ihm das Angebot schicken. Wenn wir ihm das Angebot **schicken**, dann **erhält** der Kunde das Angebot.
Und so wird aus

× **Wir** *schicken Ihnen das Angebot.*
✓ **Sie** *erhalten das Angebot.*

Und nun mach in der folgenden Übung aus den Sätzen in der Wir-Perspektive Formulierungen in der Sie-Perspektive.

× **Wir** *benötigen von Ihnen folgende Unterlagen.*

✓ ______________________________

× **Wir** *gewähren Ihnen 3 % Skonto.*

✓ ______________________________

× **Wir** *hoffen, Ihnen mit unseren Unterlagen gedient zu haben.*

✓ ______________________________

× **Wir** *stehen Ihnen jederzeit zur Verfügung.*

✓ ______________________________

× **Wir** *freuen uns, wenn Sie uns den Auftrag erteilen.*

✓ ____

HIER KOMMEN NUN MEINE LÖSUNGSVORSCHLÄGE:

× **Wir** *benötigen von Ihnen folgende Unterlagen.*
✓ *Bitte senden* **Sie** *uns folgende Unterlagen.*
✓ *Senden* **Sie** *uns bitte folgende Unterlagen.*
✓ *Bitte schicken* **Sie** *uns die folgenden Unterlagen.*
✓ *Schicken* **Sie** *uns bitte die folgenden Unterlagen.*

ANMERKUNG:

Das Wort „benötigen“ übt leichten Druck auf den Empfänger aus. Dies gehört sich in einer partnerschaftlichen Beziehung zwischen Unternehmen und Kunde nicht. Außerdem wird dem Leser wahrscheinlich auch egal sein, was der Absender benötigt. Durch verschiedene Verben hast Du hier eine Menge Variationsmöglichkeiten. Ebenso dadurch, dass Du entweder das Wort „Bitte“ oder das Verb an den Satzanfang setzt.

× **Wir** *gewähren Ihnen 3 % Skonto.*
✓ **Sie** *erhalten 3 % Skonto.*

ANMERKUNG:

„Gewähren“ klingt von oben herab, wenig partnerschaftlich. Das Unternehmen ist so gnädig, Skonto zu gewähren.

„Erhalten“ klingt eher sachlich und neutral. Skonto ist ein Nachlass und damit ein Vorteil für den Kunden. Der Kunde profitiert vom Skonto.

Also könntest Du schreiben:

✓ **Sie** *profitieren von 3 % Skonto.*

Oder Du stellst das Verb nach vorne:

✓ *Profitieren* **Sie** *von 3 % Skonto.*

× **Wir** *hoffen, Ihnen mit unseren Unterlagen gedient zu haben.*
✓ *Sind diese Unterlagen ausreichend für* **Sie***?*

ANMERKUNG:

Diese Formulierung macht sehr schön deutlich, was es heißt, so zu schreiben wie man spricht. Kein Mensch würde beim Übergeben der Unterlagen diesen Satz in der Wir-Perspektive benutzen. So geschwollen spricht kein Mensch. Wenn Du Dir an dieser Stelle überlegst, was Du stattdessen zu Deinem Kunden sagen würdest, wenn Du ihm das Angebot im Büro übergeben würdest, dann weißt Du, was mit dieser Regel gemeint ist.

Eine sehr schöne Formulierung ist auch die folgende, die allerdings nicht zur Übung passt, da das „Sie" fehlt:

✓ *Beantworten die Unterlagen Ihre Fragen?*

× **Wir** *stehen Ihnen jederzeit zur Verfügung.*
✓ **Sie** *erreichen uns in der Zeit von 8 bis 18 Uhr.*

ANMERKUNG:

Mal abgesehen davon, dass „jederzeit" sicher nicht stimmt, klingt „zur Verfügung stehen" auch ein wenig nach Leibeigenschaft. Du willst aber sicher nicht als Leibeigener dem Kunden zur Verfügung stehen!? Auch wenn mit „jederzeit" die große Servicebereitschaft ausgedrückt werden soll, ist es besser, dem Kunden einfach zu schreiben, zu welchen Zeiten Du erreichbar bist. Dies gilt insbesondere, wenn Du nur eingeschränkt erreichbar bist, weil Du im Außendienst unterwegs oder als Teilzeitbeschäftigte nur an bestimmten Tagen oder zu bestimmten Zeiten im Büro bist.

× **Wir** *freuen uns, wenn Sie uns den Auftrag erteilen.*

ANMERKUNG:

Da dies eine der wichtigsten Formulierungen ist, kommt hier erst die Anmerkung und dann mein Lösungsvorschlag. Bitte sei bei der Antwort der folgenden Frage ganz ehrlich, es bekommt ja auch keiner mit. Warum freust Du Dich über den Auftrag Deines Kunden? Und bitte ehrlich sein!

Ich freue mich, weil ...

Freust Du Dich, weil Dein Kunde so nett ist, weil es so ein tolles Projekt ist oder der Auftrag so ungewöhnlich ist? Oder freust Du Dich, weil Du Geld mit dem Auftrag verdienst? Bitte sei ehrlich! Und wenn Du Dich über das mit dem Auftrag verdiente Geld freust, was ist denn dann die Botschaft an Deinen Kunden? Heißt der Satz dann im Klartext nichts anderes als: „**Wir** freuen uns, Geld mit Ihnen und durch Ihren Auftrag zu verdienen“? Ist diese Aussage denn kundenorientiert? Ist es kundenfreundlich, dem Kunden dies so deutlich zu sagen? Natürlich nicht! Dem Kunden zu sagen, dass man sich über das mit und durch ihn verdiente Geld freut, hat nichts mit Kundenorientierung zu tun. Aber wie kannst Du diesen Satz kundenorientiert in der Sie-Perspektive formulieren?

Es geht nicht darum, dass **Du** Dich freust, sondern der **Kunde** soll sich freuen. Wie, der Kunde soll sich freuen? Und worüber denn überhaupt? Ja, ich hoffe doch, dass der Kunde bei Dir Grund zur Freude hat!?

Denk jetzt mal kurz darüber nach und schreibe dann auf, worüber oder worauf der Kunde sich bei Dir freuen kann, wenn er Dir den Auftrag erteilt:

Es geht also bei der Abschlussformel darum, dem Kunden das Gefühl der Freude zu geben, das er bekommt, wenn er Dein Produkt kauft und sich für Dich entscheidet. Der Kunde soll das Gefühl haben, er hätte schon gekauft.

UND DANN LAUTET DIE LÖSUNG:

- ✓ *Freuen **Sie** sich auf Ihre maßgeschneiderte Küche!*
- ✓ *Freuen **Sie** sich auf Ihren Traum auf 4 Rädern!*
- ✓ *Freuen **Sie** sich auf eine reibungslose Bauphase!*
- ✓ *Freuen **Sie** sich auf 2 erholsame Urlaubswochen!*
- ✓ *Freuen **Sie** sich auf eine ertragreiche Geldanlage!*

Schreibe künftig immer in der Sie-Perspektive und stell den Kunden so in den Mittelpunkt.

POSITIVE FORMULIERUNGEN

Denke jetzt mal nicht an einen pinkfarbenen Eisbären auf einem Gänseblümchen. Was hast Du jetzt gerade im Kopf bildlich vor Augen? Genau – einen pinkfarbenen Eisbären auf einem Gänseblümchen! Unser Gehirn kennt das Wort „nicht“ nämlich nicht. Wenn Du Dir etwas nicht vorstellen sollst, musst Du es Dir erst einmal vorstellen, um es dann wieder aus Deinem Gedächtnis zu streichen. Da es aber schon in Deinem Kopf war, bleibt auch meistens etwas davon hängen. So wirst Du an den pinkfarbenen Eisbären auf einem Gänseblümchen wahrscheinlich auch noch in ein paar Stunden denken. Wenn Du „Kein Problem“ sagst und „Nichts einfacher als das“ meinst, so bleibt immer etwas von diesem Problem zurück.

Solltest Du Deinem Kunden schreiben:

× *Wir können die Küche vor dem 23. November nicht liefern.*

dann ist die Information sicher richtig und auch hilfreich für den Kunden. Er wird aber mit dieser Auskunft noch nicht zufrieden sein, denn viel mehr wird ihn interessieren, wann Du lieferst. So kann er vorher noch die notwendigen Vorarbeiten fristgerecht erledigen. Und erst nach der Lieferung kann Dein Kunde die Küche nutzen und sich sein Lieblingsessen kochen. Und dafür hat er sich die Küche ja schließlich gekauft.

Formuliere positiv und lösungsorientiert und sage dem Kunden was geht, statt zu sagen, was nicht geht. Geht nicht, kann nicht, weiß nicht - drückt mangelnde Kompetenz und mangelnden Willen aus. Und dieses Gefühl möchte kein Kunde haben! Kunden möchten wissen, was machbar ist!

Und nun wieder eine Übung. Mach aus den folgenden Sätzen mit Verneinungen positive und lösungsorientierte Sätze:

× *Wir können die Küche vor dem 23. November* **nicht** *liefern.*

✓ ______________________________

× *Dieses Produkt ist* **nicht** *mehr vorrätig.*

✓ ____

× *Wir können* **keinen** *Fehler finden.*

✓ ____

× *Wenn Sie den Betrag* **nicht** *bis zum 13.9 überweisen, fallen weitere Kosten an.*

✓ ____

× *Wenn Sie uns die Unterlagen* **nicht** *bis zum 27.10. schicken, können wir das Angebot* **nicht** *erstellen.*

✓ ____

NUN ZU MEINEN LÖSUNGSVORSCHLÄGEN MIT EIN PAAR ANMERKUNGEN:

× *Wir können die Küche vor dem 23. November* **nicht** *liefern.*
✓ *Der neue Liefertermin ist der 23. November.*
✓ *Sie erhalten Ihre neue Küche am 23. November.*

ANMERKUNG:

Der Kunde möchte wissen, wann geliefert wird und nicht, was nicht geht. In der Sie-Perspektive fühlt der Kunde sich persönlich angesprochen.

× *Dieses Produkt ist* **nicht** *mehr vorrätig.*
✓ *Nehmen Sie das Produkt „TippiToppi“ mit weiteren Vorteilen.*

ANMERKUNG:

Auch hier möchte der Kunde wissen, welches Produkt eine gute Alternative für das ausverkaufte Produkt ist. Und ganz nebenbei sicherst Du Deinen Verkaufserfolg und Umsatz, denn sonst würde der Kunde vielleicht bei einem anderen Anbieter kaufen.

× *Wir können* **keinen** *Fehler finden.*
✓ *Wir haben alles überprüft. Die Anlage läuft einwandfrei.*

ANMERKUNG:

Diese Formulierung aus einer Antwort auf eine Reklamation wird den Kunden sicher nicht zufrieden stellen. Der Kunde möchte wissen, was die Ursache ist oder was getan wurde, um dem Fehler auf die Spur zu kommen. Und dass alles wieder einwandfrei funktioniert.

× *Wenn Sie den Betrag* **nicht** *bis zum 13.9. überweisen, fallen weitere Kosten an.*
✓ *Bitte überweisen Sie den Betrag bis zum 13. September und sparen Sie sich weitere Kosten.*

ANMERKUNG:

Statt zu schreiben, welche negativen Konsequenzen es hat, wenn der Kunde etwas nicht tut, sagst Du dem Kunden mit der positiven Formulierung direkt, was er tun soll und was er davon hat.

- ✗ *Wenn Sie uns die Unterlagen* **nicht** *bis zum 27.10. schicken, können wir das Angebot* **nicht** *erstellen.*
- ✓ *Bitte senden Sie uns die Unterlagen bis zum 27. Oktober und Sie erhalten Ihr Angebot zu Ihrem Wunschtermin.*

ANMERKUNG:

In der Ursprungsformulierung erfährt der Kunde was nicht geht, wenn er etwas nicht tut. Einfacher und verständlicher ist es, dem Kunden zu sagen, was er davon hat, wenn er etwas tut.

NUTZENORIENTIERT FORMULIEREN

Wenn wir uns die beiden letzten Lösungsvorschläge

- Bitte überweisen Sie den Betrag bis zum 13. September und sparen Sie sich weitere Kosten.
- Bitte senden Sie uns die Unterlagen bis zum 27. Oktober und Sie erhalten Ihr Angebot zu Ihrem Wunschtermin.

noch einmal etwas genauer anschauen, stellen wir fest, dass wir dem Kunden erst sagen, was er tun soll und erst danach erfährt er, was er davon hat.

Stell Dir vor, Du sagst Deinem Kind, es soll sein Zimmer aufräumen und dann... Viel weiter wirst Du vermutlich gar nicht mit Deinen Worten kommen und dann geht das Geschrei schon los. „Warum immer ich?“, „Ich habe doch gestern erst aufgeräumt.“ Und Deine angedachte Belohnung, Deinem Kind ein Eis zu spendieren, geht in dem Geschrei unter. Wenn Du diesen Satz aber umgekehrt aufbaust, dann wird Deine Botschaft auch ankommen.

- Du bekommst gleich ein Eis, wenn Du vorher noch eben Dein Zimmer aufräumst.

Beim Wort „Eis“ sind die Ohren Deines Kindes weit geöffnet und es hört zu, denn üblicherweise ist „Eis“ bei Kindern ein sehr positiv besetzter Begriff. Es ist zum Vorteil des Kindes – im Gegensatz zum Aufräumen.

So funktioniert es auch bei Deinem Kunden. Setze den Vorteil in den 1. Satzteil und der Kunde hört Dir zu, weil er ja von dem angesprochenen Nutzen profitieren möchte.

„Kosten sparen“ hört sich besser an als „einen Betrag zu überweisen“. Und das Angebot zum Wunschtermin zu erhalten ist der Nutzen für den Kunden, während das Senden der Unterlagen Aufwand für ihn bedeutet.

So wird dann aus den Formulierungen:

× *Bitte überweisen Sie den Betrag bis zum 13. September und sparen Sie sich weitere Kosten.*

✓ *Sparen Sie sich weitere Kosten und überweisen Sie den Betrag bitte bis zum 13. September.*

× *Bitte senden Sie uns die Unterlagen bis zum 27. Oktober und Sie erhalten Ihr Angebot zu Ihrem Wunschtermin.*

✓ *Damit Sie Ihr Angebot zu Ihrem Wunschtermin erhalten, senden Sie uns bitte die Unterlagen bis zum 27. Oktober.*

Sag Deinem Kunden zuerst, was er davon hat, wenn er etwas tut, was Du möchtest und dann erst, was er tun soll. **Nutzen vor Handeln.**

Um den Nutzen noch deutlicher herauszustellen gibt es Schlüsselwörter. Dies sind Wörter mit denen Du Deinen Kunden für den Vorteil öffnest.

SCHLÜSSELWÖRTER – WÖRTER, DIE POSITIV WIRKEN

Es gibt Wörter, die haben bei Menschen eine positive Wirkung. Damit signalisierst Du, dass der Adressat Dir wichtig ist. Dies sind Wörter wie gerne, freuen, danke und bitte. Und Sätze wie: „Wir sind gerne für Sie da." „Bitte" und „Danke" sind generell als „Zauberwörter" bekannt. Es hat noch keinem geschadet einen Menschen zu bitten, wenn man etwas von ihm möchte. Auch für die kleinste Kleinigkeit kannst Du Dich bedanken. Die Wirkung wird nie negativ, aber fast immer positiv sein. Ebenfalls positiv sind die folgenden Formulierungen, mit denen Du Deinen Leser auf seinen Nutzen hinweisen solltest:

- Sie profitieren von ...
- Nutzen Sie ...
- Ihr Vorteil:
- Ihr Nutzen:
- Ihr Gewinn:
- Profitieren Sie ...
- Gewinnen Sie ...
- Maximieren Sie ...
- Steigern Sie ...
- Erfüllen Sie sich ...
- Sie sparen ...
- Es lohnt sich für Sie, denn ...
- Es zahlt sich aus, dass ...
- Ab sofort können Sie ...
- Das ..... bietet Ihnen folgende Vorteile ...
- Ein günstiges Angebot...
- Etwas ganz Besonderes!
- Speziell für Sie!
- Sie vermeiden Wartezeiten ...
- Sie erhalten einen Überblick ...
- Sie vermeiden Kosten ...
- Sie reduzieren Kosten ...
- Damit wir Ihrem Wunsch entsprechen können ...
- Auf den Unterlagen erkennen Sie ...

BILDHAFTE SPRACHE – KINO IM KOPF

Du erinnerst Dich noch an den pinkfarbenen Eisbären auf dem Gänseblümchen? Dieses Beispiel zeigt recht deutlich, wie das menschliche Gehirn denkt. Es denkt in Bildern. Zumindest sind Bilder für unser Gehirn einfacher zu verarbeiten und bleiben länger im Gedächtnis als Nicht-Bilder. Du kennst dieses Phänomen sicher unter dem Begriff Kopfkino.

Was fällt Dir bei „Prozesskostenoptimierung" ein? Hast Du da ein Bild vor Augen? Vermutlich nicht. Aber bei der Formulierung „Zeit ist Geld", da dürftest Du ein Bild vor Augen haben. Vielleicht siehst Du eine Uhr und ein paar Münzen oder Geldscheine vor Deinem geistigen Auge? Man spricht bei dem Begriff „Prozesskostenoptimierung" auch von bildferner Sprache und bei dem Sprichwort „Zeit ist Geld" von bildhafter Sprache.

Hast Du bei dem Begriff „Objekt" ein Bild vor Augen? Wahrscheinlich nicht. Und warum? Weil „Objekt" ein bildferner Begriff ist. Er wird in verschiedenen Bereichen benutzt. In der Sicherheitsbranche werden sogar Menschen als Objekte bezeichnet.

Meistens ist ein Objekt eine Sache wie ein Auto oder ein Gebäude. Und wenn Du jetzt mal spontan an ein Gebäude denkst, welches Bild hast Du da vor Augen? Oder braucht Dein Gehirn ein wenig, um den Begriff „Gebäude" überhaupt in ein Bild zu übertragen?

Jetzt denke bitte mal an ein Landhaus im Grünen an einem kleinen Waldstück mit einem plätschernden Bachlauf mit zwitschernden Vögeln in der strahlenden Mittagssonne. Nun dürftest Du ein ziemlich konkretes Bild im Gedächtnis haben. Das ist mit bildhafter Sprache gemeint. Während Dein Leser Deine Sätze in bildhafter Sprache liest, macht er sich in seinem Kopf sein eigenes Bild. Und seinem eigenen Bild vertraut der Leser natürlich eher als Deinem Bild. Du verursachst mit Deinen Worten Kino im Kopf Deines Lesers.

Das menschliche Gehirn besteht aus 2 Hälften, die linke und die rechte Gehirnhälfte. Die linke Hälfte ist für das logisch-analytische Denken, für Zahlen, Daten, Fakten und für alles Rationale zuständig. Die rechte Hälfte ist hingegen für das intuitive, kreative Denken, für Bilder, Musik und für alles Emotionale zuständig.

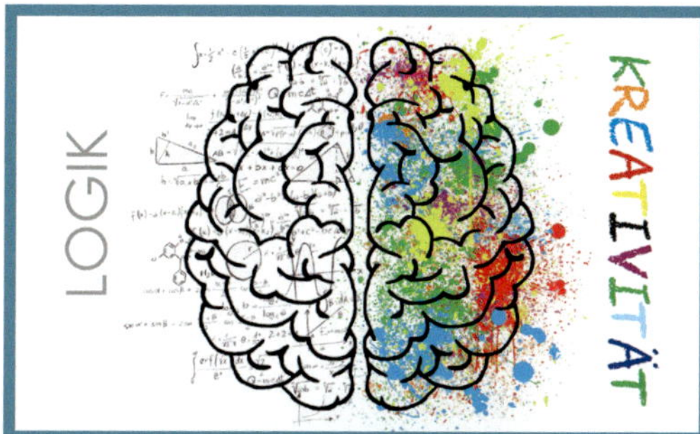

Die linke Hälfte	Die rechte Hälfte
▸ Logik	▸ Gefühl, Intuition
▸ Zahlen	▸ Bilder
▸ Daten	▸ Körpersprache
▸ Fakten	▸ Bewegung, Aktivität
▸ Rechtschreibung	▸ Rhythmus, Musik
▸ Rechnen	▸ Neugier
▸ Regeln, Gesetze	▸ Kreativität, Fantasie
▸ Details	▸ hat den Überblick

Benutze künftig eine bildhafte Sprache, damit der Leser Deinen Gedanken einfacher und schneller folgen kann. Die Werbung setzt dies perfekt um. Denke einfach nur mal an Werbeplakate von denen glückliche Menschen den Betrachter anstrahlen.

Diese Botschaften könntest Du in Worten nicht ansatzweise transportieren. Ein Bild ist im Bruchteil einer Sekunde verarbeitet – im Gegensatz zu Texten, für die unser Gehirn viel länger braucht. Und Bilder bleiben viel länger im Gedächtnis.

Je nachdem wie alt Du bist, erinnerst Du Dich vielleicht noch an die Werbung des Weißen Riesen Ende der 80er Jahre. Als Bild wurde die endlos lange Wäscheleine gewählt, die mit einem Hubschrauber abgeflogen wurde, um deutlich zu machen wie ergiebig dieses Waschmittel ist. Ein eindrucksvolles Bild – mit Worten kaum deutlich zu machen.

„Bereitet Ihnen Ihre Geldanlage auch Kopfschmerzen?“ ist doch viel anschaulicher als zu sagen „Das Thema Geldanlage ist ein komplexes Thema.“ Und Geldanlage kannst Du hier natürlich durch viele andere Begriffe ersetzen, um Deinem Leser das Problem zu verdeutlichen - für das Du die Lösung hast.

Wie zum Beispiel:

- Bereiten Ihnen Ihre Energiekosten auch Kopfschmerzen?
- Bereitet Ihnen die richtige Entscheidung für Ihren Bauunternehmer auch Kopfschmerzen?
- Bereitet Ihnen Ihre Fassadensanierung auch Kopfschmerzen?

Noch ein paar Beispiele zur bildhaften Sprache:

- Bereitet Ihnen Ihre fehlende Fitness auch schlaflose Nächte?
- Beim Neubau Ihres Hauses sitzen wir im selben Boot!
- Lieber der Spatz in der Hand als die Taube auf dem Dach.
- Wir stehen schon in den Startlöchern!
- Wir ziehen mit Ihnen gemeinsam an einem Strang!
- Wir setzen Ihrem Haus die Krone auf!
- Ihre persönliche Ansprechpartnerin Marianne Hillebrand.

Bildhaft	Bildnah	Bildfern
Landhaus	Gebäude	Objekt
Schrank	Möbel	Artikel
Marianne Hillebrand	Ansprechpartnerin	Mitarbeiterin

AUSSAGEKRÄFTIGE ADJEKTIVE

Mit aussagekräftigen Adjektiven unterstützt Du das Kopfkino Deines Lesers. Nimm jetzt noch mal den Satz mit dem Landhaus:

✓ *Gemütliches Landhaus im Grünen an einem kleinen Waldstück mit einem plätschernden Bachlauf mit zwitschernden Vögeln in der strahlenden Mittagssonne.*

Lies ihn jetzt mal ohne die Adjektive:

× *Landhaus im Grünen an einem Waldstück mit einem Bachlauf mit Vögeln in der Mittagssonne.*

Irre, welchen Unterschied so ein paar Adjektive ausmachen, oder?

Bei welcher Formulierung bekommst Du mehr Appetit?

✓ *Duftende knusprige Brötchen*	oder	× *Brötchen*
✓ *Saftige Erdbeeren*	oder	× *Erdbeeren*
✓ *Knackige Möhren*	oder	× *Möhren*

Überlege künftig, welche Adjektive Du in Deinen Schreiben verwenden kannst, zum Beispiel diese Formulierungen:

✓ *Freundliches Telefonat*	statt	× *Telefonat*
✓ *Individuelles Angebot*	statt	× *Angebot*
✓ *Begeisterte Kundenstimmen*	statt	× *Kundenstimmen*

Wichtig ist natürlich, dass Du bei der Wahrheit bleibst. Also „freundlich“ bitte nur dann schreiben, wenn das Gespräch auch wirklich freundlich war.

SIGNALWÖRTER

Mit Signalwörtern erreichst Du eine ähnliche Aufmerksamkeit bei Deinem Leser. Und im **Fettdruck** verstärkst Du diese Wirkung. Stell Signalwörter bei wichtigen Aussagen einfach voran. Dies kann bei Terminen und Fristen sein. Auch in der PS-Zeile ist ein Signalwort denkbar.

- Achtung
- Wichtig
- Bitte beachten Sie!

SATZZEICHEN

Die üblichen Satzzeichen sind Punkt und Komma. Es gibt aber noch ein paar weitere, die für die Korrespondenz interessant und von Bedeutung sind.

Dies sind:

- Das Fragezeichen
- Das Ausrufezeichen
- Der Doppelpunkt
- Der Gedankenstrich
- Die Auslassungspunkte

Mit diesen Satzzeichen kannst Du einen Text optisch sehr gut auflockern und ihn damit besser, weil einfacher, lesbar machen. Außerdem schaffst Du es mit diesen Satzzeichen, das Auge des Lesers auf diese Stelle zu ziehen und damit bestimmte Satzteile und damit auch deren Inhalte besonders zu betonen und hervorzuheben.

DAS FRAGEZEICHEN

Darf ich Dir mal eine Frage stellen? Wenn Du diese Frage jetzt gedanklich beantwortet hast, dann hast Du gerade selbst gemerkt, welche Wirkung das Fragezeichen hat. Es bewegt den Leser, die gerade gestellte Frage für sich im Geiste zu beantworten, das heißt der Leser beschäftigt sich mit dem Text. Und dies ist doch genau das, was der Absender möchte. Deshalb ist die Frage als Einstieg in einen Brief oder eine E-Mail perfekt geeignet. Dies kann der Einstiegssatz vom eigentlichen Brieftext sein oder noch besser die Betreffzeile. Oder beides – das geht auch! So wird der Leser quasi in das Schreiben hineingezogen – fast ohne es zu merken.

Folgende Fragen könntest Du für die Betreffzeile nutzen:

✓ *Warum Sie mit uns zusammenarbeiten sollten?*
für ein Angebot

✓ *Erinnern Sie sich noch an unser Schreiben vom ...?*
für eine Mahnung

✓ *Was haben wir falsch gemacht?*
für eine Antwort auf eine Kündigung

Im letzten Absatz kannst Du das Fragezeichen einsetzen, um den Kunden aufzufordern, sich bei Fragen bei Dir zu melden.

✓ *Sie haben Fragen? Rufen Sie mich an. Ich bin gerne für Sie da.*

✓ *Sie haben Fragen, Wünsche oder Anregungen? Dann kommen Sie auf uns zu!*

✓ *Konnten wir Ihre Fragen klären? Bitte rufen Sie mich an, wenn Sie weitere Antworten benötigen.*

Das Fragezeichen ist perfekt geeignet, um den Leser in Dein Schreiben einzubeziehen. Nutze es!

DAS AUSRUFEZEICHEN

Das Ausrufezeichen verstärkt die Aussagen eines Satzes. Es hebt den Satz auch optisch hervor. Das Ausrufezeichen zieht das Auge des Lesers an und betont so den Satz und damit auch den Inhalt des Satzes. Bitte setze das Ausrufezeichen nicht zu oft ein. Hier ist weniger mehr. Beschränke Dich auf maximal 2 bis 3 Ausrufezeichen pro E-Mail oder Brief – je nach Länge des Schreibens. Nur so kann das Ausrufezeichen auffallen und seine Wirkung entfalten.

- ✓ *Vielen Dank!*
- ✓ *Eine gute Entscheidung!*
- ✓ *Darauf können Sie sich verlassen!*
- ✓ *Warum Sie mit uns zusammenarbeiten sollten!*
- ✓ *Gute Nachrichten!*

DER DOPPELPUNKT

Der Doppelpunkt schafft Aufmerksamkeit und betont den Satz nach dem Doppelpunkt. Mit ihm kannst Du längere Sätze kürzen und gleichzeitig den Inhalt stärker betonen. Das Auge des Lesers wird auf den Doppelpunkt gelenkt und damit auf den darauffolgenden Satz.

- × *Unser Motto lautet, dass der Kunde König ist.*
- ✓ *Unser Motto lautet: Der Kunde ist König.*

DER GEDANKENSTRICH

Der Gedankenstrich trennt einen Teil des Satzes gedanklich ab. Der Leser macht an der Stelle eine kurze Pause. Das Auge des Lesers wird auf den Gedankenstrich gelenkt und damit der folgende Satzteil hervorgehoben und stärker betont.

- × *Senden Sie uns die unterzeichneten Kaufverträge bitte zurück, die Kopie ist für Ihre Unterlagen.*
- ✓ *Bitte senden Sie uns die unterzeichneten Kaufverträge zurück – die Kopie der Verträge ist für Sie.*

DIE AUSLASSUNGSPUNKTE

Die Auslassungspunkte geben dem Leser Raum, um den Gedanken zu Ende zu denken. Er kann und soll sich hier seine eigenen Gedanken machen. Und auch die Auslassungspunkte stechen heraus, weil sie anders als die üblichen Satzzeichen sind.

✓ *Sie sagten, Sie haben uns den Auftrag zugeschickt. Bei uns ist er jedoch nicht angekommen ... Sind Sie so nett und schicken uns die Unterlagen bitte noch einmal zu. Vielen Dank.*

DIE BESTEN SCHLUSSSÄTZE – FÜR EINEN BLEIBENDEN EINDRUCK

Der erste Eindruck ist entscheidend und der letzte bleibt. Getreu diesem Motto solltest Du am Ende Deines Schreibens noch einmal ein positives Ausrufezeichen in Satzform setzen.

× *Für Rückfragen stehen wir Ihnen gerne zur Verfügung.*
× *Wir hoffen, Ihnen mit unseren Unterlagen gedient zu haben.*
× *Für etwaige Fragen stehen wir jederzeit zur Verfügung.*

Diese Floskeln sind dafür denkbar ungeeignet. Zum einen sind diese Floskeln vielbenutzte Klassiker im negativen Sinne. Wenn fast jeder sie benutzt, fällst Du damit natürlich nicht mehr auf. Und „jederzeit zur Verfügung stehen" und „gedient zu haben" sind an Unterwürfigkeit auch kaum noch zu überbieten.
Im letzten Satz solltest Du Deine Servicebereitschaft mit einer sinnvollen und hilfreichen Information für den Kunden unterstreichen. Dies können - abhängig von der Unternehmensgröße und Struktur - unterschiedliche Informationen sein, zum Beispiel Hinweise auf:

- den Ansprechpartner
- die eingeschränkte Erreichbarkeit bei Teilzeitbeschäftigten
- eine 24-Stunden-Hotline
- die Durchwahl
- die eingeschränkte Erreichbarkeit in besonderen Situationen

Pfiffige Formulierungen könnten in etwa so lauten:

- ✓ *Sie haben Fragen? Dann kommen Sie auf uns zu.*
- ✓ *Ihre persönliche Ansprechpartnerin ist Marianne Hillebrand. Sie erreichen sie am besten per E-Mail.*
- ✓ *Sie haben Fragen zur Rechnung? Sie erreichen mich am besten dienstags und donnerstags zwischen 8 und 12 Uhr.*
- ✓ *Aufgrund eines Termins erreichen Sie mich am kommenden Dienstag ab 17:45 Uhr mobil im Auto.*
- ✓ *Irgendetwas ist noch unklar!? Dann kommen Sie bitte auf uns zu – am besten per E-Mail.*
- ✓ *Um Ihre offenen Punkte persönlich zu klären, rufe ich Sie in der kommenden Woche an.*
- ✓ *Falls Sie noch Fragen haben, rufen Sie mich unter .... an. Sie erreichen mich zwischen 8 und 18 Uhr.*
- ✓ *Sie haben noch Fragen? Dann wenden Sie sich an unser Service-Team unter 12345, welches Sie durchgehend von 8 bis 20 Uhr erreichen.*
- ✓ *Viel Spaß beim Stöbern in den Unterlagen!*

Natürlich besteht auch die „Gefahr“, dass diese Formulierungen irgendwann floskelhaft daherkommen, vor allem wenn Du sie öfter benutzt. Deshalb solltest Du sie immer ein wenig variieren. In keinem Fall solltest Du darauf verzichten, weil sie Deinem Leser immer signalisieren, dass Du für seine Fragen offen bist und sie nicht als störend empfindest.

INDIVIDUELLE GRUSSFORMELN

Auch bei der Grußformel finden wir einen Klassiker, der in fast 90 Prozent aller Geschäftsbriefe und auch E-Mails benutzt wird: „Mit freundlichen Grüßen“. Natürlich kannst Du diese Formel auch weiterhin benutzen. Wenn Du Dich allerdings aus der Masse abheben möchtest, dann solltest Du Dich für eine der vielen anderen möglichen Grußformeln entscheiden. Manche Unternehmen, insbesondere Banken und Energieversorger, lassen das Wort „mit“ gerne mal weg – wirklich fortschrittlich sind sie damit aber auch nicht.

- × *Mit freundlichen Grüßen*
- × *Freundliche Grüße*
- × *Mit freundlichem Gruß*

Mit der Grußformel hast Du die Möglichkeit, ein Ausrufezeichen zu setzen und Dich aus der langweiligen Masse der Schreiber abzuheben. Je nachdem wie mutig Du bist, kannst Du hier einen persönlichen Eindruck hinterlassen - ähnlich einem individuellen Fingerabdruck. Aus vielen Seminaren weiß ich, dass sich so mancher schwertut, hier einmal anders zu formulieren. „Kann man das wirklich so schreiben?“, höre ich immer wieder. Ja, man kann!

Als Variation bieten sich folgende Formulierungen an:

- ✓ *Viele Grüße*
- ✓ *Beste Grüße*
- ✓ *Herzliche Grüße*
- ✓ *Mit begeisterten Grüßen*
- ✓ *Mit vorfreudigen Grüßen*
- ✓ *Begeisternde Grüße*
- ✓ *Ich grüße Sie*
- ✓ *Mit vielen Grüßen*
- ✓ *Nette Grüße*
- ✓ *Gut gelaunte Grüße*
- ✓ *Es grüßt Sie herzlich/freundlich*
- ✓ *Erwartungsfrohe Grüße*
- ✓ *Ihnen alles Gute und viele Grüße*
- ✓ *Im diesem Sinne grüßt Sie*

Es müssen nicht immer die ausdrücklichen Grüße sein. Es können auch gute Wünsche sein.

KURZ VOR DEM WOCHENENDE

- ✓ *Ein schönes Wochenende wünscht Ihnen*
- ✓ *Ein Wochenende zum Energietanken wünscht Ihnen*
- ✓ *Einen angenehmen Endspurt ins Wochenende wünscht Ihnen*
- ✓ *Einen entspannten Endspurt in ein sonniges Wochenende wünscht Ihnen*
- ✓ *Einen erfolgreichen Wochenendspurt wünscht Ihnen*

Als weitere Adjektive sind denkbar:

- ✓ *erholsam*
- ✓ *erlebnisreich*
- ✓ *toll*
- ✓ *ereignisreich*
- ✓ *gemütlich*
- ✓ *ruhig*

ZUM START IN DIE NEUE WOCHE

- ✓ *Einen guten Start in die neue Woche wünscht Ihnen*
- ✓ *Einen sonnigen Start in eine erfolgreiche Woche wünscht Ihnen*
- ✓ *Einen erfolgreichen Start in eine sonnige Woche wünscht Ihnen*
- ✓ *Eine erfolgreiche Woche wünscht Ihnen*
- ✓ *Eine Woche mit vielen guten Geschäften wünscht Ihnen*
- ✓ *Eine Woche mit vielen guten Entscheidungen wünscht Ihnen*

GRÜSSE, DIE DAS WETTER IN DEN MITTELPUNKT STELLEN

- ✓ *Sonnige Grüße*
- ✓ *Mit viel Sonne grüßt Sie*
- ✓ *Regnerische Grüße*
- ✓ *Schneereiche Grüße*
- ✓ *Mit sonnigen Grüßen*
- ✓ *Mit viel Schnee grüßt Sie*
- ✓ *Mit regenreichen Grüßen*
- ✓ *Mit schneereichen Grüßen*

Möglicherweise fragst Du Dich jetzt gerade, ob es denn sinnvoll ist, die eher negativ geprägten „Regnerischen Grüße" zu benutzen. Es ist eine Frage der Sichtweise: Ohne Regen gibt es kein Leben auf der Erde – und deshalb ist Regen doch gar nicht so negativ, wie er oft gesehen wird. Und außerdem bietet sich bei einem anschließenden Telefonat das Wetter direkt als Aufhänger für einen Einstieg ins Gespräch an.

Je nach Großwetterlage macht es Sinn, mit den „Sonnigen Grüßen" in einem Brief zurückhaltend zu sein. Denn wenn heute die Sonne scheint, kann es morgen oder übermorgen – wenn Dein Brief beim Empfänger ankommt - wie aus Kübeln regnen. In der E-Mail, die ja zeitgleich beim Empfänger ankommt, solltest Du Wetter-Grüße auf jeden Fall einsetzen.

GRÜSSE, DIE DIE JAHRESZEITEN IN DEN MITTELPUNKT STELLEN

- ✓ *Frühlingshafte Grüße*
- ✓ *Sommerliche Grüße*
- ✓ *Mit sommerlichen Grüßen*
- ✓ *Herbstliche Grüße*
- ✓ *Mit herbstlichen Grüßen*
- ✓ *Winterliche Grüße*
- ✓ *Einen guten Start in den Frühling …*
- ✓ *Mit frühlingshaften Grüßen*
- ✓ *Einen sonnigen Sommer …*
- ✓ *Einen Sommer, der seinen Namen auch verdient …*
- ✓ *Einen stimmungsvollen Herbst …*
- ✓ *Mit winterlichen Grüßen*
- ✓ *Einen schneereichen Winter …*

GRÜSSE, DIE BESONDERE FESTE IN DEN MITTELPUNKT STELLEN

- ✓ *Weihnachtliche Grüße*
- ✓ *Eine schöne Weihnachtszeit wünscht Ihnen*
- ✓ *Eine stimmungsvolle Zeit bis zum Weihnachtsfest wünscht Ihnen*
- ✓ *Eine fröhliche Osterzeit wünscht Ihnen*
- ✓ *Gemütliche Pfingsten wünscht Ihnen*
- ✓ *Viel Spaß im Karneval wünscht Ihnen*

GRÜSSE, DIE EINEN BESTIMMTEN TAG IN DEN MITTELPUNKT STELLEN

- ✓ *Einen fröhlichen 1. Mai wünscht Ihnen*
- ✓ *Viel Spaß beim Tanz in den Mai wünscht Ihnen*
- ✓ *Einen sonnigen Vatertag wünscht Ihnen*
- ✓ *Einen entspannten Tag der deutschen Einheit wünscht Ihnen*
- ✓ *Einen liebevollen Valentinstag wünscht Ihnen*
- ✓ *Einen schönen Valentinstag mit Ihrem Liebsten wünscht Ihnen*
- ✓ *Einen lustigen Gruselspaß an Halloween wünscht Ihnen*
- ✓ *Einen guten Start ins neue Jahr wünscht Ihnen*
- ✓ *Viele gute Vorsätze fürs neue Jahr wünscht Ihnen*

GRÜSSE MIT HOHER AUFMERKSAMKEIT

- ✓ *Freundliche Grüße aus Haltern am See*
- ✓ *Aus Haltern am See grüßt Sie*
- ✓ *Viele Grüße vom Rhein sendet Ihnen*
- ✓ *Sonnige Wintergrüße aus dem verschneiten Schwarzwald*
- ✓ *Sommergrüße von der sonnigen Mecklenburgischen Seenplatte*
- ✓ *Sommerliche Grüße von der Schlei in Schleswig*
- ✓ *Einen schönen Urlaub wünscht Ihnen*
- ✓ *Eine fröhliche Geburtstagsfeier wünscht Ihnen*
- ✓ *Viel Spaß beim Konzert wünscht Ihnen*

Wenn man nun das Haar in der vielzitierten Suppe suchen wollte, dann kann man argumentieren, dass bei diesen Formulierungen ja der Absender im Mittelpunkt steht und nicht der Kunde. Und wir hatten doch gesagt, dass wir den Kunden in den Mittelpunkt stellen wollen. Das stimmt. Weil diese Formulierungen aber einfach so anders und ungewöhnlich sind, sind sie gut geeignet, um sich abzuheben, obwohl der Absender im Mittelpunkt steht. Und doch gibt es natürlich auch die Formulierungen, die den Kunden in den Mittelpunkt stellen.

GRÜSSE, DIE DEN WOHNORT DES KUNDEN IN DEN MITTELPUNKT STELLEN – FÜR EINE HOHE KUNDENORIENTIERUNG

- ✓ *Freundliche Grüße nach Hamburg*
- ✓ *Sonnige Grüße in die Domstadt Köln*
- ✓ *Herzliche Grüße in die Landeshauptstadt*
- ✓ *Viele Grüße in die Barbarossastadt*
- ✓ *Nette Grüße in den Amselweg*
- ✓ *Sportliche Grüße in die Stadt des Deutschen Vize-Meisters*

Als aufmerksamer Leser hast Du bemerkt, dass sich hier jetzt doch die freundlichen Grüße wiederfinden. Ja, und in der Kombination mit der Stadt des eigenen Unternehmens oder noch besser der Stadt des Kunden klingen die freundlichen Grüße nicht so abgedroschen, als wenn sie alleine stehen würden. Damit kommen sie auch als kundenorientierte Formulierung in Frage. Und was machen Unternehmen, die ihren Sitz in derselben Stadt haben wie der Kunde? Sie können in den Stadtteil des Kunden grüßen. Solltest Du im selben Stadtteil sitzen, dann grüße doch einfach in die Straße. Selbst wenn Du in derselben Straße sitzt, kannst Du in die Nachbarschaft grüßen. Zugegeben, man kann es auch übertreiben ...

Wenn Du die Individualität der Stadt Deines Kunden herausstellen möchtest, dann suche Dir eine Besonderheit dieser Stadt. Meist findest Du einen solchen Hinweis über die Stadt bei Wikipedia. Dies kostet zwar etwas Zeit – macht aber Eindruck bei Deinem Kunden. Denn nicht jeder weiß, welche Stadt sich Seidenstadt nennt ...

GRÜSSE, DIE BRANCHENABHÄNGIG SIND

✓ *Mit farbenfrohen Grüßen*	für den Maler
✓ *Flammende Grüße*	für den Kaminbauer
✓ *Mit schnittigen Grüßen*	für den Friseur
✓ *Gut bedachte Grüße*	für den Dachdecker
✓ *Saubere Grüße*	für den Fensterreiniger
✓ *Mit glasklaren Grüßen*	für einen Glaser
✓ *Meisterliche Grüße*	für den Meister
✓ *Mit handwerklichen Grüßen*	für Handwerker
✓ *Mit lesenswerten Grüßen*	für den Buchhändler
✓ *Druckfrische Grüße*	für einen Verlag
✓ *Mit radelnden Grüßen*	für ein Fahrradgeschäft
✓ *Gesunde Grüße*	für den Arzt
✓ *Mit sportlichen Grüßen*	für ein Fitnessstudio
✓ *Blumige Grüße*	für die Floristin
✓ *Mit viel Energie grüßt*	für den Energieversorger
✓ *Ertragreiche Grüße*	für ein Geldinstitut

✓ *Pixelige Grüße von der Webdesignerin - www.pixeltante.com*

Branchenabhängige Grüße haben eine hohe Individualität, weil sie nicht jeder benutzen kann. Sie sind sehr ungewöhnlich für den Leser, weil er sie selten oder noch nie gelesen hat. Dadurch heben sie sich von den vielen anderen so oft gelesenen Formulierungen positiv ab.

EINE ABSCHLUSSFORMEL OHNE GRÜSSE:

- ✓ *Auf eine gute Zusammenarbeit freut sich*
- ✓ *Auf Ihre Meinung freut sich*
- ✓ *Um Ihre Entscheidung bis zum ... bittet*
- ✓ *Viel Erfolg wünscht Ihnen*
- ✓ *Bis dahin eine gute Zeit wünscht Ihnen*
- ✓ *Gute Geschäfte wünscht Ihnen*

Mit ungewöhnlichen Grußformeln hebst Du Dich aus dem langweiligen Einerlei ab und bleibst positiv im Gedächtnis Deines Lesers. Weitere über 107 Grußformeln findest Du unter www.pfiffige-grussformeln.de – selbstverständlich kostenlos!

DIE SIGNATUR

Nach der Grußformel kommen bei einem Brief die Unterschrift, sehr oft die Firmierung und der Name des Absenders. Hier gibt es die unterschiedlichsten Varianten.

Mit freundlichen Grüßen

Ihre Stadtwerke Musterstadt
Frauke Fleißig

Mit freundlichen Grüßen

Klaus Klecks
Maler Klecks GmbH

Die Firmierung kann man sich an dieser Stelle schenken, denn der Brief wird vermutlich auf einem Briefbogen des Unternehmens geschrieben. Dann befindet sich oben im Briefkopf das Logo und der Name des Unternehmens. Wer bis zur Signatur noch nicht gemerkt hat, welches Unternehmen ihm schreibt, dem ist an dieser Stelle auch nicht mehr zu helfen. Deshalb gilt: Mitarbeiter vor Unternehmen. Geschäfte werden mit Menschen gemacht. Jedes Unternehmen braucht Menschen, die dieses Unternehmen repräsentieren. Als Kunde möchte ich wissen, welche Person mir schreibt und in welcher Abteilung diese Person arbeitet oder welche Funktion sie im Unternehmen hat. Dies erleichtert dem Kunden die Kontaktaufnahme zu diesem Mitarbeiter. Beim Maler und vielen anderen Selbständigen könnte es für den Kunden hilfreich sein, etwas über die Qualifikation des Absenders zu erfahren wie beispielsweise ein vorhandener Meistertitel.

Darüber hinaus ist der Maler auch ein Experte für Farbe oder Farbgestaltung oder einfach „nur" ein Farbprofi. Der Begriff „Experte" hat eine ganz starke Bedeutung und wertet die Arbeit extrem auf. Vielen meiner Seminarteilnehmer klingt der Begriff „Experte" zu hochtrabend. Aber bitte überlege gerade einmal kurz und beantworte Dir die folgende Frage: Bist Du Experte und Profi in Deinem Bereich? Warum solltest Du dies dann nicht in Deine Signatur schreiben? Und dies gilt selbstverständlich auch für die Signatur Deiner E-Mail.

Dann könnten die Signaturen in etwa so aussehen:

Mit umwelt-freundlichen Grüßen

Frauke Fleißig
aus dem Kundenservice

Mit farbigen Grüßen

Klaus Klecks
Malermeister & Farbexperte

WEITERE ALTERNATIVEN

Assistentin der Geschäftsleitung	rechte Hand des Chefs
Sekretärin	Mädchen für alles
Sekretärin	Die gute Seele im Büro
Vertrieb	Kundenglücklichmacher
Geschäftsführer	Mädchen für alles
Buchhaltung	Zahlenknecht

Ja, ich weiß, diese Bezeichnungen sind gewöhnungsbedürftig und nicht für jeden geeignet. So manche Bezeichnung – „rechte Hand des Chefs“ und „Mädchen für alles“ - höre ich immer wieder in der Vorstellungsrunde meiner Seminare – sowohl von Sekretärinnen als auch von Geschäftsführern. Und dann schmunzeln meist alle darüber. Oder Du nimmst Dich mit dem Begriff „Zahlenknecht“ selbst ein wenig auf die Schippe. Und sollte ein Vertriebsmitarbeiter nicht ein Kundenglücklichmacher sein? Wenn Du es schaffst, mit diesen Begriffen Deinen Leser zum Schmunzeln zu bringen, dann hast Du Dein Ziel erreicht. Denn was kann es Besseres geben als einen schmunzelnden Interessenten, der Dein Kunde werden soll? Diese Formulierungen, die auf die Tätigkeiten oder Aufgaben der Mitarbeiter eingehen, solltest Du selbstverständlich auch in der E-Mail benutzen.

Falls Du Dich gerade fragst, ob man „Kundenglücklichmacher“ denn wirklich schreiben kann. Ja, man kann. Zumindest macht dies meine Seminarteilnehmerin Eva Roth vom Verlag Hans Fahner in Lauf. Und sie erhält dafür positive Rückmeldungen von ihren Kunden.

Eva Roth
Gepr. Medienfachwirtin (IHK)
Mediaberatung/Buchverlag

Kundenglücklichmacherin

Verlag Hans Fahner GmbH & Co. KG
Verlag der Pegnitz-Zeitung
Nürnberger Straße 19
91207 Lauf

Tel (+49) 9123 / 175-128
Fax (+49) 9123 / 175-110
e.roth@fahnermedien.de
www.n-land.de
www.mit-magazin.com
www.inmeinerheimat.de
www.buchtraum.de

Verlag Hans Fahner GmbH & Co. KG
Geschäftsführer: Lambert Herrmann, Kai Herrmann
HRA-Nr.: 3112 - AG Nürnberg - USt-Id-Nr.: DE 132 810 274
Komplementärin: FCD GmbH, HRB-Nr. 13961 - AG Nürnberg
Geschäftsführer: Lambert Herrmann, Kai Herrmann

Selbstverständlich solltest Du jeden Brief – wie Du es auch bei einem Liebesbrief machen würdest – persönlich unterschreiben – am besten mit einem hochwertigen Füllfederhalter. Das wertet Dein Schreiben auf, ganz besonders wichtig bei Angeboten. In größeren Unternehmen höre ich an dieser Stelle immer wieder: „Bei uns geht das nicht." Das mag ab einer bestimmten Anzahl von Briefen tatsächlich so sein. Nur: Der Empfänger weiß ja nicht, wie viele Briefe Du insgesamt verschickt hast. Er sieht ja nur seinen Brief, der nicht unterschrieben ist. Und ein Brief ohne persönliche Unterschrift drückt mangelnde Wertschätzung gegenüber dem Kunden aus. Bei Hunderten von Werbebriefen, die auf einmal verschickt werden, ist die eingescannte Unterschrift sicher eine gute Alternative, zumal sie von der Original-Unterschrift oft gar nicht zu unterscheiden ist. Ziel sollte es dennoch immer sein, alle Briefe persönlich zu unterschreiben.

Bei der Signatur einer geschäftlichen E-Mail sind noch ein paar Dinge zu beachten, denn bestimmte Angaben sind gesetzlich vorgeschrieben. Fehlen diese Angaben kann es teuer werden – von Abmahnungen bis zu Bußgeldern. Diese Angaben sind vorgeschrieben:

1. **Name der Firma**
   wie im Handelsregister eingetragen
   bei Einzelunternehmen: Inhaber mit Vor- und Nachnamen

2. **Die Rechtsform**

3. **Sitz des Unternehmens**
   mit postalisch korrekter ladungsfähiger Anschrift, d.h. kein Postfach

4. **Das Registergericht sowie die Handelsregisternummer**

5. **Bei Kapitalgesellschaften**
   Die Namen aller Geschäftsführer, Vorstände sowie des Aufsichtsratsvorsitzenden mit ausgeschriebenem Vor- und Zunamen

Wenn Du Deinem Kunden über die gesetzlichen Vorgaben hinaus wichtige und hilfreiche Informationen geben möchtest, dann nimm folgende Angaben mit in die Signatur hinein:

- Telefon- und Faxnummer
- E-Mail-Adresse
- Unternehmenslogo
- Foto
- Abteilung
- Internetseite
- PS für besondere Angebote und Hinweise

So sieht meine Signatur aus:

Nach der Signatur ist für die meisten der Brief oder die E-Mail beendet.

DIE PS-ZEILE ZUR GEZIELTEN KUNDENANSPRACHE

Tatsächlich kommt jetzt aber noch eine ganz wichtige Zeile, die ähnlich wichtig ist wie die Betreffzeile. Schauen wir noch einmal wie der Blick eines Lesers über einen Brief wandert. Mit einem Augen-Scanner hat man getestet, wohin der Blick eines Lesers beim Betrachten eines Briefes geht.

Dabei hat man festgestellt, dass der Leser die etwas abgesetzte PS-Zeile am Ende des Briefes bewusst wahrnimmt. Die PS-Zeile wird so zum Blickfang eines

Frau
Corinna Clever
Schlaumeierweg 5
12345 Schlauhausen

Heiko T. Ciesinski
Der Experte für Schriftverkehr

Haltern am See, 13. März 20..

Hallo Frau Clever,

vielen Dank, dass Sie sich für das Hörbuch „Kundenbriefe sind wie Liebesbriefe – und E-Mails auch" entschieden haben. Eine gute Entscheidung!

Dieses Hörbuch ist die Zusammenfassung des gleichnamigen Seminars. Es wird Ihnen eine Menge Anregungen geben, um Ihre Briefe und E-Mails an Kunden – Angebote, Auftrags- und Terminbestätigungen, Rechnungen und Mahnungen – zu wahren Liebesbriefen zu machen. Und bestimmt findet auch mal eines meiner Seminare in Ihrer Nähe statt ...

Oder Sie entscheiden sich für den E-Mail-Kurs „Kundenbriefe sind wie Liebesbriefe – und E-Mails auch". Dort erhalten Sie jede Woche einen praxisorientierten Tipp, um Ihre Kundenschreiben noch erfolgreicher zu machen. Gehen Sie dazu einfach auf www.Kundenbriefe-sind-wie-Liebesbriefe.de. Und schon können Sie starten!
Und mit 1 zusätzlich erzielten Auftrag haben Sie die Investition ganz schnell wieder heraus!

Und nun viel Spaß mit dem Hörbuch & gute Geschäfte
wünscht Ihnen

Heiko T. Ciesinski
Der Unternehmer-Coach

Und demnächst auch als Buch mit ganz vielen praktischen Übungen!

Briefes - wenn sie denn da ist. Durch diese besondere Aufmerksamkeit genießt das PS in modernen Briefen wieder seine besondere Berechtigung. Und natürlich auch in E-Mails.

Du solltest das PS deshalb in jedem Deiner Schreiben – sowohl Brief als auch E-Mail – nutzen, um auf wichtige Dinge hinzuweisen. In einem Angebotsbegleitschreiben kannst Du noch einmal auf wichtige Dinge aus dem Angebot hinweisen und diese somit verstärken. Das kann eine Frist sein bis zu dem Dein Angebot gültig ist.

Aber auch in allen anderen Schreiben wie Termin-, Auftragsbestätigungen und Rechnungen, ja sogar Mahnungen, solltest Du das PS immer nutzen. Du kannst auf alles hinweisen, was Dir wichtig erscheint.

Dies können Hinweise sein auf:

- Angebotsfristen
- Weitere interessante Angebote, Stichwort: Cross-Selling
- beigefügte Unterlagen
- Aktionen wie der Tag der offenen Tür
- Empfehlungen
- Gewinnspiele
- Nachlässe
- Steuerliche Vorteile
- Deine Facebook-Seite
- Deine neue Internetseite
- Kundenveranstaltungen
- Ausbildungsplätze
- Neue Mitarbeiter
- Stellenangebote, Stichwort: Fachkräftemangel

Nutze diesen Platz für Deine wichtige Botschaft an Deinen Kunden!

Für viele Unternehmen ist der Fachkräftemangel bereits ein echtes Problem. Für manche Unternehmen ist es schwieriger neue Mitarbeiter zu finden als neue Kunden. Da macht es doch Sinn, auch Kunden zum Beispiel in einer Rechnung darauf hinzuweisen, dass Du Mitarbeiter suchst und Arbeitsplätze schaffst. Denn möglicherweise kennt Dein Kunde jemanden, der jemanden kennt, der einen Arbeitsplatz sucht und sich beruflich verändern möchte.

Wenn Dir die Abkürzung PS etwas zu antiquiert und altbacken vorkommt, dann nutze doch einfach eine moderne und pfiffigere Abkürzung:

▶ Übrigens	▶ Ach ja, ...
▶ Tipp	▶ Unser Tipp
▶ Mein Tipp	▶ Experten-Tipp
▶ Wichtig!	▶ Achtung!
▶ Bitte beachten Sie	▶ Merke
▶ Der Maler-Tipp	▶ Ihr Farbprofi rät:
▶ Der Steuertipp	▶ Der Energiespar-Tipp
▶ Der Finanz-Tipp	▶ Ihr Banker rät:
▶ Dein Firmenlogo	▶ !

DIE ANLAGEN

Wenn dem Brief Unterlagen oder Anlagen beigefügt sind, so liest man nach der Unterschrift sehr oft den Begriff „Anlagen“. Diesen kannst Du künftig ersatzlos streichen. Dass sich in dem Brief noch Unterlagen befinden, dies wird der Kunde im Normalfall selbst erkennen.

Wenn Du die Anlagen auf jeden Fall erwähnen möchtest, dann tu dies im Text. Du kannst beispielsweise darauf hinweisen, dass „die wichtigsten Vorteile noch einmal im Prospekt auf Seite 5 zusammengefasst“ sind. Wenn Du diese Informationen dann noch durch Fettdruck hervorhebst, dann ist dies eine moderne Gestaltung und sieht viel angenehmer aus und ist einfacher zu lesen.

- ... im Angebot auf Seite 3 sehen Sie ...
- Bitte unterschreiben Sie die Darlehensvereinbarung auf Seite 3.

Zusätzlich kannst Du mit handschriftlichen Notizen oder mit einem Textmarker wichtige Informationen auf den Anlagen markieren. Oder Du klebst auf die beigefügten Unterlagen kleine Haftzettel, die an der Seite hervorschauen. So wird der Leser ebenfalls auf die Anlagen aufmerksam.

KLARE HANDLUNGSANWEISUNGEN GEBEN

Vermeide in Deinen Briefen und E-Mails ungenaue Begriffe und Unklarheiten. Deine Briefe und E-Mails an Deine Kunden sollen Fragen beantworten und keine neuen Fragen aufwerfen. Der Leser soll immer sofort erkennen, was zu tun ist. Wenn Du Deinem Kunden schreibst, er solle sich „schnellstmöglich" melden, was bedeutet dies dann? Was heißt schnellstmöglich? Das kann sofort, umgehend oder unverzüglich heißen. Aber was heißt sofort, umgehend oder unverzüglich? Heißt das, sobald der Kunde Zeit oder Lust hat? Kann er erst noch ganz beruhigt in den Urlaub fahren oder soll er sich noch vorher melden? In manchen Briefen liest man „Melden Sie sich innerhalb 14 Tagen." Ab wann zählen denn diese 14 Tage? Ab dem Datum im Brief oder ab dem Tag, an dem der Kunde den Brief erhalten hat oder ab dem Tag, an dem der Kunde den Brief gelesen hat? Fragen über Fragen.

Wenn Du Deinem Kunden schreibst, er solle sich „bis spätestens 13. September bei Dir melden", dann ist die Botschaft ziemlich eindeutig und lässt keine Interpretationsmöglichkeiten zu. Um zu signalisieren, dass es um einen wichtigen Sachverhalt geht, kannst Du das Wort „Wichtig" oder „Bitte beachten Sie" voranstellen.

× *Wir bitten Sie um baldmögliche Zusendung.*

✓ *Bitte senden Sie uns die Unterlagen bis zum 13. September.*

HERVORHEBUNGEN

Es gibt 3 Möglichkeiten, wichtige Passagen hervorzuheben. Dies kann durch **Fettdruck** oder *Kursivdruck* geschehen oder indem einzelne Satzteile unterstrichen werden. Und, was sticht für Dich nun stärker hervor? Genau. Da der Fettdruck viel deutlicher hervorsticht, solltest Du ihn einsetzen, wenn es darum geht, wichtige Dinge wie zum Beispiel den Kundennutzen hervorzuheben. Stelle den Sinnzusammenhang heraus und nicht nur ein einzelnes Wort.

× *Profitieren Sie von unserer* **Zufriedenheits-Garantie!**

✓ **Profitieren Sie von unserer Zufriedenheits-Garantie!**

AUFZÄHLUNGEN

- sind ebenfalls gut geeignet, Dinge hervorzuheben
- machen einen Text besser lesbar
- stellen die Punkte deutlicher heraus
- sind Blickfang
- sollten mindestens 3 Punkte umfassen

KAPITEL 6

VOM BEHÖRDEN- ZUM LIEBESBRIEF

In Briefen und E-Mails finden sich oft ähnliche, gleichlautende Formulierungsmuster und Textbausteine, die zum Teil schon Jahre, ja jahrzehntelang benutzt werden. Sie wirken altbacken, unmodern und floskelhaft. Dies gilt umso mehr, wenn mehrere dieser Bausteine gleichzeitig in einem Schreiben auftreten. Briefe und E-Mails mit den folgenden Bausteinen wirken wie Behördenbriefe statt wie kundenorientierte Schreiben. Lass diese Bausteine weg und Du bist auf dem besten Weg zu einem wahren Kunden-Liebesbrief.

VORREITER

Ein Vorreiter ist eine Satzeinleitung, die für sich allein genommen keinen Inhalt hat und damit auch keinen Sinn macht.

- × *Es freut uns, dass...*
- × *Wir müssen Ihnen leider mitteilen, dass...*
- × *Es tut uns leid, dass...*

„Es freut uns" ist zwar ein kompletter Hauptsatz mit Subjekt, Prädikat und Objekt, aber welche Aussagekraft steckt dahinter? Die Hauptaussage des Satzes steht dagegen meist im folgenden Nebensatz. Da geht es dann beispielsweise um das Zusenden eines Angebotes oder das Interesse des Kunden. Was glaubst Du, wie interessant ist es für Deinen Kunden oder Interessenten zu wissen, dass Du Dich freust? „Es freut uns, dass Sie sich für uns interessieren" klingt nicht wirklich überzeugend und selbstbewusst. Es gibt dem Leser eher das Gefühl, dass es nicht ganz so oft vorkommt, dass sich jemand für Deine Leistungen interessiert. Warum solltest Du Dich sonst freuen? Vorreiter stehen sehr oft am Anfang eines Briefes, um nicht gleich zum Punkt kommen zu müssen. Sie verschieben damit die Hauptsache in den Nebensatz –

Hauptsachen gehören aber in den Hauptsatz. „Es tut uns leid, dass wir den Termin nicht einhalten können" klingt halt nicht so direkt wie „Wir können den Termin nicht einhalten."

Vorreiter gelten als vermeintlich höfliche Form des Schreibens. Tatsächlich sind sie umständlich und verschleiern die für den Kunden wichtige Aussage. Wirklich höflich bist Du, wenn Du an Deine gute Kinderstube denkst und mit einem Dank in Deinen Brief oder Deine E-Mail einsteigst.

✓ *Vielen Dank, dass Sie bei der Planung einer neuen Lagerhalle direkt an uns gedacht haben. Eine gute Entscheidung!*

Verzichte künftig auf Vorreiter, denn Hauptsachen gehören in Hauptsätze.

NOMINALSTIL

Eine Anhäufung von Nomen nennt man Nominalstil. Nomen sind Hauptwörter und enden meist auf -ung, -heit, -keit. Wie wirkt der folgende Satz auf Dich?

× *Wir bitten um Prüfung des Angebots sowie um Unterzeichnung und Rücksendung einer Ausfertigung.*

Ein Satz mit vielen Hauptwörtern wirkt schwerfällig und schwer verständlich. So spricht kein Mensch. Es ist der typische Behördenschreibstil, denn Briefe von Behörden wimmeln nur so von Hauptwörtern. Ersetze künftig diese substantivierten Verben durch richtige Verben. Verben hießen früher in der Schule auch Tu-Wörter. Und das Wort „tun" drückt nun mal Aktivität aus. Und genau darum geht es. Aktiv und dynamisch zu formulieren.

Dann lautet unser Ausgangssatz:

✓ *Bitte prüfen Sie das Angebot, unterzeichnen es und senden uns bitte eine Ausfertigung zurück.*

So würdest Du es vielleicht auch Deinem Kunden sagen, wenn er vor Dir steht. Du erinnerst Dich noch an die wichtigste Regel im Schriftverkehr?

STRECKVERBEN

Streckverben sind ebenfalls sehr typisch für den Behördenstil. Ein Verb wird zu einem substantivierten Verb aufgebauscht und so künstlich in die Länge gezogen. Die Formulierung wirkt umständlich und der Satz wird dadurch unnötig verlängert.

× *die Abrechnung vornehmen*	✓ *abrechnen*
× *die Änderung vornehmen*	✓ *ändern*
× *eine Überweisung vornehmen*	✓ *überweisen*
× *in Abzug bringen*	✓ *abziehen*
× *eine Bitte aussprechen*	✓ *bitten*

AKTIV & PASSIV

Sätze im Passiv verschweigen den oder die Handelnden. Es sagt nur, was oder wem etwas passiert.

× *Der Betrag wurde abgebucht.*
× *Die Auftragsbestätigung wurde Ihnen zugeschickt.*

Dadurch wirkt das Passiv unpersönlich und distanziert. Du solltest Deinem Leser aber genau das Gegenteil signalisieren. Baue einen persönlichen Kontakt auf und stärke die Kundenbeziehung durch aktive Formulierungen. Verstecke Dich nicht und stehe zu dem, was Du tust. Auch wenn es mal um negative Dinge geht, die Du vielleicht lieber verschweigen möchtest.

Im Aktiv lauten die Formulierungen dann:

✓ *Wir buchen den Betrag ab.*

✓ *Wir haben Ihnen die Auftragsbestätigung zugeschickt.*

Oder noch besser in der Sie-Perspektive:

✓ *Sie erhalten die Auftragsbestätigung.*

SCHACHTEL- & BANDWURMSÄTZE

Bandwurmsätze und verschachtelte Sätze erschweren das Verständnis eines Textes.

× *Wir übersenden Ihnen anbei die vorbereitete Ergänzungsvereinbarung zu Ihrem obigen Vertrag mit der Bitte um rechtsverbindliche Unterzeichnung an den gekennzeichneten Stellen sowie kurzfristige Rückgabe des Originals an uns zu Händen Frau Bach.*
32 Wörter

Wie wirkt der Satz auf Dich? Hölzern? Gestelzt? Bürokratisch? Oder alles zusammen? Klar ist, so spricht kein Mensch. Aber warum schreiben dann Unternehmen so, die Kunden gewinnen wollen?

Bei einem solchen Satz mit 32 Wörtern muss beim Lesen zwischendurch meist noch eine Pause gemacht und Luft geholt werden. Meist weiß der Leser am Ende nicht mehr, was am Anfang gesagt wurde. So erhöhst Du das Risiko, dass der Leser das Lesen des Briefes oder der E-Mail aufgibt. Und das ist ja nicht das, wofür Du den Brief oder die E-Mail geschrieben hast.

Schreibe stattdessen besser mit mehreren kurzen Sätzen mit einer einfachen Satzstruktur. Mit 12 bis 20 Wörtern kannst Du ganz gut auskommen, insbesondere wenn Du nur 1 Kernaussage in den Hauptsatz packst.

✓ *Sie erhalten die vorbereitete Ergänzungsvereinbarung zu Ihrem Vertrag. Bitte unterschreiben Sie an den gekennzeichneten Stellen und senden das Original im Laufe der nächsten Woche an Frau Bach. Vielen Dank!.* **29 Wörter**

Das Wort „und“ verbindet 2 Sätze und kann meist durch einen Punkt ersetzt werden. So machst Du aus einem langem Satzungetüm 2 bis 3 kurze gut lesbare Sätze. Das Gleiche gilt für das Komma, denn: „So manches Komma wäre gerne ein Punkt gewesen.“ So lautete ein Lehrsatz früher bei uns im Deutsch-Unterricht. Teile lange Sätze einfach in mehrere kurze Sätze. Dein Leser wird es Dir danken.

PLEONASMUS

Als Pleonasmus bezeichnet man eine Formulierung, die mit mehreren verschiedenen Begriffen denselben Sachverhalt ausdrückt. Umgangssprachlich ist der Begriff doppelt gemoppelt. Deshalb nennt man den Pleonasmus auch Doppelmoppel. Ein Klassiker dafür ist der runde Kreis. Das Adjektiv „rund" kann weggelassen werden, denn ein Kreis ist ja immer rund, sonst wäre es ja kein Kreis. Während man dieses Stilmittel zur Verdeutlichung ganz bewusst einsetzen kann, gibt es viele Formulierungen, die überflüssig sind, wie der eben genannte runde Kreis.

× *Rückantwort*	✓ *Antwort*
× *Rückfrage*	✓ *Frage*
× *einzelne Details*	✓ *Details* oder *Einzelheiten*
× *zurückerstatten*	✓ *erstatten*
× *Telefonanruf*	✓ *Anruf oder Telefonat*
× *tabellarische Übersicht*	✓ *Tabelle*
× *aufaddieren*	✓ *addieren*

DER KONJUNKTIV

Der Konjunktiv ist die Möglichkeitsform. Er steht für Dinge und Sachverhalte, die sein könnten, aber zurzeit nicht oder noch nicht möglich sind.

× *Ich würde mich freuen, wenn Sie zu unserer Veranstaltung kommen.*

Dieser Satz ist ein absoluter Klassiker. In wie vielen Einladungen hast Du diesen Satz schon gelesen? Und wie wirkt er auf Dich? Durch das Wörtchen „würde" lässt der Absender die Möglichkeit zu, dass Du gar nicht zur Veranstaltung kommst. Dadurch wirkt seine Aussage eher zögerlich und unsicher.

Mal ganz davon abgesehen, dass dieser Satz auch grammatikalisch falsch ist. Korrekt müsste es heißen:

✓ *Ich würde mich freuen, wenn Sie zu unserer Veranstaltung kämen.*

Dies klingt allerdings noch zögerlicher und unsicherer. Deshalb benutzen die meisten wahrscheinlich den grammatikalisch falschen Satz. Richtig und ohne Konjunktiv müsste es heißen:

- ✓ *Ich freue mich, wenn Sie zu unserer Veranstaltung kommen.*
- ✓ *Ich freue mich, Sie bei unserer Veranstaltung zu begrüßen.*

Dabei geht es noch viel besser. Angenommen Du lädst Deinen Kunden zu einer Kundenveranstaltung ein. Du hast Dir eine Menge Arbeit mit den Vorbereitungen gemacht, Einladungen verschickt, die Anmeldungen nachgehalten, kleine Snacks und Getränke bestellt und Dich auch um alle Kleinigkeiten gekümmert, die bei so einer Veranstaltung anfallen. Dass Du Dich da freust, wenn Deine Kunden Deine Einladung annehmen, ist doch klar. Denn bei der Arbeit im Vorfeld, soll die Veranstaltung ja auch ein Erfolg werden. Du willst ja nicht alleine an dem Abend dort sitzen, richtig?

Mal angenommen, Du hast einen Redner verpflichtet, der einen Vortrag zum Thema „Kundenbriefe sind wie Liebesbriefe" hält und Du weißt, dass der Nutzen für Deine Kunden sehr groß ist, weil sie künftig noch erfolgreicher im Umgang mit ihren Kunden sind. Und jetzt formulierst Du zurückhaltend und zögerlich. Wenn Du Deine Überzeugung nicht zum Ausdruck bringst, dass Dein Kunde dabei sein sollte, woher soll der Kunde diese Überzeugung nehmen? Deshalb formuliere überzeugt und bestimmt voller Selbstbewusstsein und tu so, als ob der Kunde schon zugesagt hätte.

Dann könnte Dein Einladungstext so lauten:

- ✓ *Freuen Sie sich auf eine interessante Veranstaltung mit vielen Tipps und Anregungen für Ihre Korrespondenz!*
- ✓ *Freuen Sie sich auf viele umsatzsteigernde Tipps und Anregungen für neue Kunden und noch mehr Umsatz!*
- ✓ *Freuen Sie sich auf viele neue Formulierungen, die anders sind als das, was Ihre Kunden heute schon kennen!*

ZU UMSTÄNDLICH

In vielen Geschäftsbriefen findest Du Formulierungen, die sehr umständlich sind. Diese Formulierungen klingen sehr hochgestochen.

× *am heutigen Tage*	✓ *heute*
× *entstehende Kosten*	✓ *Kosten*
× *eingetretene Verzögerung*	✓ *Verzögerung*
× *erfolgte Zahlung*	✓ *Zahlung*
× *fernmündlich*	✓ *telefonisch*
× *gemachter Fehler*	✓ *Fehler*

Sie sind distanziert und damit wenig kundenfreundlich. Also warum dann hochgestochen formulieren? Ist es da nicht besser, kurz und knapp zu formulieren, sodass der Kunde Dir sofort folgen kann?

Geht inhaltlich etwas verloren, wenn ich statt „am heutigen Tage" „heute" schreibe? Der einzige Unterschied: es ist kürzer und deutlicher. Formuliere kürzer und damit verständlicher und kundennäher. Weniger ist mehr.

SIE MÜSSEN - WIR MÖCHTEN

Mit dem Wörtchen „müssen" drücken viele Absender den vermeintlichen Zwang aus, so handeln zu müssen wie sie handeln und dass es nicht anders geht.

× *Leider haben Sie bei Bezahlung unserer Rechnung die Skontofrist überschritten. Daher müssen wir auf eine Nachzahlung des Betrages bestehen.*

Kein Unternehmen ist gezwungen so zu handeln, wie es handelt. Natürlich muss kein Unternehmen auf eine Nachzahlung bestehen. Es gibt sicher gute Gründe dafür, dies zu tun und zu diesen Gründen solltest Du dann auch stehen. Versteck Dich nicht hinter irgendwelchen Zwängen, die es nicht gibt. Vertritt selbstbewusst Deinen Standpunkt. Und fordere den Kunden auf, den Betrag nachzuzahlen.

✓ *Sie haben bei der Bezahlung unserer Rechnung die Skontofrist überschritten. Bitte überweisen Sie den abgezogenen und noch fälligen Skontobetrag.*

Auch wenn Du natürlich ein Recht darauf hast, den noch fälligen Skontobetrag zu erhalten, so würde ich den Kunden mit einem Augenzwinkern daran erinnern – und nicht auf den Betrag bestehen. Sei anders als der Kunde es erwartet und Du wirst Deinen Kunden begeistern.

Als Text kannst Du schreiben:

✓ *So war das nicht gedacht: Obwohl Sie die Frist bei der Bezahlung unserer Rechnung überschritten haben, haben Sie das Skonto abgezogen. Ausnahmsweise ist dies in Ordnung. Bitte seien Sie künftig so fair und denken beim nächsten Mal an die Frist. Vielen Dank.*

Und dann möchten Absender manchmal, dass der Empfänger etwas tut.

× *Wir möchten Sie bitten, den offenen Betrag in den nächsten Tagen zu überweisen.*

Streng genommen bedeutet dieser Satz, dass Du Deinen Kunden bitten möchtest, es aber nicht tust. Vielleicht hast Du schon mal gehört, dass jemand zu Dir gesagt hat: „Ich möchte Dir danken.“ Und was möchtest Du dann ganz spontan Deinem Gegenüber sagen? Vielleicht auch die Aufforderung „Dann tu’s doch“? Dabei ist es so einfach: Sag Deinem Leser ganz direkt und trotzdem freundlich, was er tun soll:

✓ *Bitte überweisen Sie den offenen Betrag in den nächsten Tagen. Vielen Dank.*

Keiner muss müssen – weder Du, noch Dein Kunde. Wenn Du etwas möchtest, dann sag es doch.

FACHBEGRIFFE

Du bist Fachmann oder Fachfrau in Deinem Beruf. Was immer Du auch machst – Fachbegriffe sind für Dich völlig normal und geläufig. Dein Kunde ist nicht vom Fach, sonst bräuchte er Dich ja nicht. Für Deinen Kunden sind die meisten Fachbegriffe eher Fachchinesisch und damit unverständlich. Leider vergessen das viele, die ihrem Kunden schreiben. Klar, nicht immer ist es möglich, auf Fachbegriffe zu verzichten, aber da wo es geht, benutze Worte, die das Gleiche bedeuten und dazu noch leicht verständlich sind. Oder erkläre Deinem Leser die Fachbegriffe.

× *Angebot freibleibend*	✓ *unverbindliches Angebot*
× *Offerte*	✓ *Angebot*
× *per anno*	✓ *pro Jahr*
× *Saldo*	✓ *Kontostand*
× *Valutierung*	✓ *Auszahlung eines Kredites*

FREMDWÖRTER

Auch bei Fremdwörtern ist die Gefahr gegeben, dass der Leser Deinen Brief nicht versteht und sukzessive abschaltet respektive das Lesen prokrastiniert. Wer kennt das nicht?

Wenn es jetzt gerade etwas anstrengend war, diesem Text zu folgen oder Du eines dieser Fremdwörter nicht verstanden hast, dann weißt Du, wie Dein Kunde sich fühlt und vielleicht auch verhält, wenn er mit einem Fremdwort nichts anfangen kann. Unbekannte Begriffe erschweren das Verständnis eines Schreibens. Das bedeutet im schlechtesten Fall, dass die Botschaft Deines Werbebriefes oder Angebotes nicht ankommt. Und Botschaften, die bei Deinem Kunden nicht ankommen, werden auch nicht umgesetzt. Die Folge: der Kunde kauft nicht. Zugegeben, manchmal klingt es wahnsinnig intelligent, Fremdwörter zu benutzen. Aber möchtest Du Eindruck bei Deinem Kunden machen oder den Auftrag bekommen? Meist gibt es für Fremdwörter ganz einfache und vor allem sofort verständliche deutsche Wörter.

Wie diese:

× *sukzessive*	✓ *allmählich* ✓ *langsam* ✓ *Schritt für Schritt*
× *respektive*	✓ *beziehungsweise* ✓ *besser gesagt* ✓ *im anderen Fall*
× *prokrastinieren*	✓ *aufschieben* ✓ *verschieben* ✓ *vertagen*

So lautet der Satz vom Anfang:

- Auch bei Fremdwörtern ist die Gefahr gegeben, dass der Leser Deinen Brief nicht versteht und allmählich abschaltet beziehungsweise das Lesen auf später verschiebt.

Dies klingt doch für jeden verständlich, oder? Deshalb solltest Du verständlich schreiben und auf Fremdwörter verzichten. Der Leser wird es Dir danken, indem er Dein Schreiben zu Ende liest.

ANGLIZISMEN

Hast Du schon mal am Service-Point mit dem Sales Manager gesprochen und der hat Dich dann ans Office verwiesen?

Warum einfach, wenn es auch kompliziert geht? Weil es besser oder intelligenter klingt? Ist das wirklich so? Wenn Du möchtest, dass Dein Leser Dich versteht, dann benutze deutsche Begriffe statt englischer Wörter, die Deinen Leser möglicherweise nur verwirren, weil er sie nicht versteht. Es geht nicht um die Begriffe, die mittlerweile so eingedeutscht sind, dass uns schon fast nicht mehr klar ist, dass sie aus dem Englischen kommen wie beispielsweise Team,

Internet oder Test. Es geht um die Begriffe für die es ganz einfache deutsche Übersetzungen gibt:

× *Service-Point*	✓ *Informationsstand*
× *Point of Sale*	✓ *Verkaufsort*
× *Sales Manager*	✓ *Verkaufsleiter*
× *Office*	✓ *Büro*
× *Audit*	✓ *Prüfung*
× *Knowledgebase*	✓ *Wissensdatenbank*
× *Step by step*	✓ *Schritt für Schritt*

ABKÜRZUNGEN

Abkürzungen erschweren das Verständnis eines Schreibens, selbst wenn diese Abkürzungen bekannt sind. Unser Gehirn muss die Abkürzung erst in ganze Worte übertragen. Auch wenn dies im Bruchteil einer Sekunde geschieht, macht es das Lesen Deines Briefes oder Deiner E-Mail unnötig kompliziert. Du solltest es Deinem Leser so einfach wie möglich machen, Dein Schreiben lesen und verstehen zu können. Wenn der Empfänger mit einer Abkürzung nichts anfangen kann, dann versteht er möglicherweise den gesamten Brief nicht und legt ihn zur Seite. Und nicht verstandene oder zur Seite gelegte Schreiben oder gelöschte E-Mails erreichen nun mal nicht ihr Ziel. Dementsprechend verzichte ganz einfach auf Abkürzungen und schreibe die Wörter aus. Der Aufwand ist nicht wirklich höher, der Nutzen allerdings sehr viel größer.

× *Diesbez.*	✓ *Diesbezüglich, daher, deshalb*
× *MfG*	✓ *ausformulierte Grußformel*
× *p. a.*	✓ *Pro Jahr*
× *Stck.*	✓ *Stück*
× *Tel.-Nr.*	✓ *Rufnummer*
× *z. Zt.*	✓ *zurzeit*
× *KW*	✓ *konkreten Termin nennen*

So manche Abkürzung kannst Du auch ganz weglassen.

i. H. v.   o. g.   u. g.

Und keine Regel ohne Ausnahme. Abkürzungen sind dann erlaubt, wenn das Wort auch in der gesprochenen Sprache abgekürzt wird,
wie zum Beispiel:

BLZ   EDV   GmbH   Kfz   PLZ   CD

Wenn die Abkürzung ihren eigentlichen Zweck erfüllt und beim Lesen eine Erleichterung ist, dann ist sie ebenfalls zulässig, wie zum Beispiel:

usw. ggf. etc. evtl. zzgl. z. B. inkl.

Wann eine Abkürzung eine Erleichterung ist, darüber kann man sicher an der einen oder anderen Stelle diskutieren. Verlass Dich da einfach auf Dein Bauchgefühl.

ZAHLEN

Früher gab es die Regel, Zahlen bis zwölf als Wörter zu schreiben und Zahlen ab 13 als Ziffern. Heute kann man die Zahlen bis 12 auch als Ziffern schreiben. Dies lockert den Text auf, lenkt den Blick des Lesers auf die Zahl und stellt sie so viel deutlicher heraus.

Schreibe künftig

✓ *in 4 Wochen*	statt	× *in vier Wochen*
✓ *2 Varianten*	statt	× *zwei Varianten*
✓ *3 Angebote*	statt	× *drei Angebote*

Eine Besonderheit ist die Zahl 1. Hier solltest Du prüfen, ob die 1 als Artikel oder als Zahlwort benutzt wird und dann entsprechend das ausgeschriebene Wort oder die Ziffer benutzen.

- Freuen Sie sich auf ein Gespräch mit mir.
- Freuen Sie sich auf 1 kostenfreie Behandlung. Für die 2. Behandlung investieren Sie lediglich ....

✓ *In 1-facher Ausfertigung*	statt	× *in einfacher Ausfertigung*

NOCH EIN WORT ZUR RECHTSCHREIBUNG

Oder besser einen Text. Kannst Du diesen Text lesen?

Heiko T. Ciesinski

Der Experte für Schriftverkehr

Buchstabensalat

D45 G3HT J4 W1RKL1CH!

Afugrnud enier Sduite an enier Flingshcen Unvirestiät ist es eagl, in wlehcer Rienhnelfoge die Bcuhtsbaen in eniem Wrot sethen, das enizg wcihitge dbaei ist, dsas der estre und lzete Bcuhtsbae am rcihgiten Paltz snid. Der Rset knan ttolaer Bölsdinn sien, und du knasnt es torztedm onhe Porbelme lseen. Das ghet dseahlb, wiel wir nchit Bcuhtsbae für Bcuhtsbae enizlen lseen, snodren Wröetr als Gnaezs. Smtimt´s?
Ehct ksras! Das ghet aj wicklirh! Und dfüar ghneen wir jrhlaeng in die Slhcue!

D1353 M1TT31LUNG Z31GT D1R, ZU W3LCH3N GRO554RT1G3N L315TUNG3N UN53R G3H1RN F43H1G 15T!

Wenn man selbst bei einem solchen mit Fehlern durchzogenen Text den Sinn versteht, dann verwundert es doch nicht, wenn man in einem Text mal den einen oder anderen Rechtschreibfehler übersieht.

Dies soll nun keine Aufforderung sein, die Regeln der Rechtschreibung etwas lockerer zu sehen, weil Dein Gegenüber den Inhalt ja auch so versteht. Nein – genau das Gegenteil will ich damit zeigen. Lies Deinen Text öfter, weil die Gefahr recht groß ist, dass Du den einen oder anderen Fehler mal übersiehst. Bei wichtigen Texten lass ruhig mal eine andere Person darüber schauen, die Deinen Text zum 1. Mal liest. Denn Du kennst Deinen Text ja, weißt was darinsteht und überliest deshalb schnell mal einen Fehler.

Heiko T. Ciesinski
Der Experte für Kommunikation & Vertrieb

KAPITEL 7

BESONDERE REGELN FÜR DEN E-MAIL-VERKEHR

Grundsätzlich gelten für E-Mails die gleichen Regeln wie für Briefe – zumindest in der Theorie. Die Praxis sieht dagegen anders aus. Die Aussagen meiner Seminarteilnehmer zeigen mir, dass viele Regeln, die beim Brief angewendet werden, bei der E-Mail hingegen keine Anwendung finden. Warum ist das so? Weil eine E-Mail moderner ist und einfach lockerer geschrieben wird als ein Brief. Vielleicht hast Du Dich ja auch schon dabei „ertappt", dass Du in der Anrede der E-Mail das eher vertraute „Hallo" benutzt, während Du im Brief „Sehr geehrt" schreibst? Wir trauen uns offensichtlich in der E-Mail etwas lockerer zu schreiben.

Wir sollten dies auch so akzeptieren, denn die E-Mail ist nun mal ein moderneres Medium als der Brief und darf deshalb auch ruhig etwas lockerer daherkommen – selbstverständlich nicht flapsig. Was wiederum nicht heißt, dass der Brief steif und ungelenkig formuliert sein muss. Wenn wir ein wenig von der Lockerheit der E-Mail in den Brief transportieren könnten, dann wäre viel gewonnen.

REAGIERE SCHNELL

Dennoch gibt es ein paar Besonderheiten beim Schreiben und Verschicken von E-Mails. Die E-Mail ist ein extrem schnelles Medium. Sie ist innerhalb weniger Sekunden beim Empfänger. Deshalb wird auch erwartet, dass eine E-Mail schneller beantwortet wird als ein Brief. Als Regel gilt:

BEANTWORTE EINE E-MAIL INNERHALB VON 24 STUNDEN.

Vielleicht kennst Du folgende Situation ja auch von Dir selbst!? Du erwartest eine wichtige Antwort auf Deine gerade verschickte E-Mail. Wartest Du wirklich die 24 Stunden ab oder schaust Du vorher immer mal wieder in Dein E-Mail-Postfach? Das 1. Mal vielleicht schon nach 2 Stunden? Es könnte ja schon etwas da sein ... Und so geht es Deinem Gegenüber vielleicht auch. Dies gilt insbesondere für Angebotsanfragen. Dein Kunde hat hier ein besonders großes Interesse und ist neugierig auf das Angebot. Da der Kunde vermutlich mehrere Angebote angefordert hat, kannst Du Dich hier mit einer schnellen Reaktion positiv von Deinen Wettbewerbern abheben. Je eher Du antwortest, umso zuverlässiger wird Dich Dein Kunde einschätzen. Alle E-Mails, die Du sofort beantworten kannst, beantworte am besten direkt. So läufst Du auch nicht Gefahr, eine Antwort zu vergessen.

Selbst wenn Du die E-Mail noch nicht abschließend beantworten kannst, weil Dir noch wichtige Informationen fehlen, wie bei Antworten auf Reklamationen, so kannst Du schon mal eine Kurz-Nachricht als Eingangsbestätigung versenden. Ein kurzer Dank mit dem Hinweis, dass Du Dich in den nächsten Tagen mit der Antwort melden wirst.

✓ *Vielen Dank für Ihre E-Mail. Um Ihr Anliegen zu klären, geben Sie mir doch bitte ein paar Tage Zeit. Sie erhalten spätestens am kommenden Montag meine Antwort.*

FORMULIERE GENAUSO SORGFÄLTIG WIE BEI EINEM BRIEF

Auch wenn eine E-Mail formlos ist und eher so geschrieben wird, wie Du sprichst, so gelten auch hier die üblichen Regeln. Beachte die Rechtschreibregeln sowie die Groß- und Kleinschreibung - genauso wie Du bei einem Brief darauf achtest. Während viele Absender einen Brief noch einige Male Korrektur lesen, bevor sie ihn absenden, würde ich mir bei so mancher E-Mail wünschen, dass zumindest noch einmal mindestens 1 Korrekturblick darüber geworfen worden wäre. Formuliere Deine E-Mail genauso sorgfältig wie einen Brief. Denn die E-Mail hat einen großen Vorteil, der zum Nachteil werden kann. Sie ist schnell zu kopieren und weiterzuleiten.

Wenn Dir jemand etwas Böses will und eine schlecht formulierte Nachricht verbreiten möchte, dann ist dies mit der E-Mail relativ schnell und einfach umgesetzt. Eben mal auf „Weiterleiten“ klicken, alle Kontakte einfügen und dann auf „Senden“ drücken. Und schon weiß jeder Bescheid. Eine E-Mail bleibt dauerhaft sichtbar im E-Mail-Postfach. Sie geht nicht mal eben verloren wie das bei einem Brief passieren kann. Genug Gründe, beim Versenden von E-Mails sehr sorgfältig zu arbeiten.

DIE BETREFFZEILE

Neben der Inhaltsangabe und der Aufgabe, den Leser neugierig zu machen, hat die Betreffzeile bei der E-Mail noch eine weitere Funktion - die Suchfunktion. Angenommen, Du hast einen Geschäftskunden mit dem Du regelmäßig zusammenarbeitest und der öfter Angebote von Dir erhält. Dieser Kunde sucht nun ein bestimmtes Angebot. Dann könnte er wie folgt vorgehen: Er gibt beispielsweise Deinen Namen und das Wort „Angebot“ als Suchbegriffe ein und im besten Fall findet er nun Deine E-Mail mit dem gesuchten Angebot. Oder er bekommt eine Auswahl von E-Mails angezeigt und scrollt nun durch diese E-Mails, um so die richtige Nachricht zu finden. Dann ist es hilfreich, wenn die Betreffzeile eben auch den Begriff „Angebot Fliesenarbeiten“ beinhaltet. Würde die Betreffzeile nur „Mediterranes Ambiente für Ihr Wohnzimmer“ lauten, bestünde das Risiko, dass der Empfänger den eigentlichen Anlass überlesen und damit auch die E-Mail übersehen könnte.

Damit die E-Mail nicht im Spam-Ordner landet sind bestimmte Begriffe in der Betreffzeile tabu. Dies sind Begriffe, die einen Hinweis auf unerlaubt zugeschickte Werbung geben. Befinden sich diese Ausdrücke in der Betreffzeile wird die E-Mail vom Spam-Filter herausgefiltert und erreicht den Adressaten gar nicht erst.

Begriffe, auf die Spam-Filter ansprechen:

- *Sonderangebot*
- *gratis*
- *Rabatt*
- *kostenlos*
- *Nachlass*
- *Geschenk*
- *Profitieren Sie*
- *Nur heute*

DIE ANREDE

Die Anrede kann in der E-Mail auch auf die Tageszeit abgestellt werden, da der Empfänger ja sieht, wann die E-Mail geschrieben wurde. Mit der Anrede „Guten Morgen" ergibt sich eine zusätzliche Variationsmöglichkeit gegenüber dem Brief. Die Frage ist, bis wann kann oder darf man „Guten Morgen" schreiben? Es gibt keine festen Regeln. Man sollte dies vom Gegenüber, der Branche und vom Arbeitsbeginn abhängig machen. Fängt Dein Adressat um 7 Uhr mit der Arbeit an, wird ihm der Gruß „Guten Morgen" um 10:45 Uhr vielleicht etwas seltsam erscheinen im Gegensatz zu jemandem, der erst um 10 Uhr begonnen hat. Nach 11 Uhr schreibe ich immer „Guten Tag".

DIE GRUSSFORMEL

Bei der Grußformel verhält es sich so ähnlich wie bei der Anrede. Auch hier sind Formulierungen denkbar, die auf die Tageszeit abstellen. Darüber hinaus kannst Du noch Wetterinformationen in die Grußformel aufnehmen.

- Einen guten Start in den Tag wünscht Ihnen
- Einen sonnigen Start in den Tag wünscht Ihnen
- Regenreiche Grüße
- Einen entspannten Feierabend wünscht Ihnen
- Einen sonnigen Wintertag wünscht Ihnen
- Sonnige Grüße

Da Du annehmen kannst, dass der Empfänger die E-Mail zeitnah liest, kannst Du hier bei den Formulierungen etwas experimentierfreudiger und mutiger sein als bei einem Brief.

DER ANHANG

Kennst Du solche Anhänge?
Aus einer solchen Aneinanderreihung von Zahlen und Buchstaben ist natürlich nicht erkennbar, was sich in dieser Datei verbirgt. Wenn der Empfänger dann noch mehrere solcher Dateien mit einer E-Mail erhält, wird es schwierig bis unmöglich sich zu merken, in welcher Datei sich das Angebot befindet und welches die Datei mit den Kundenreferenzen ist. Mach es Deinem Kunden doch einfach, nimm ihm die Arbeit ab und gib den Dateien aussagekräftige und eindeutige Namen. So kann Dein Kunde die Dateien direkt abspeichern ohne sich Gedanken machen zu müssen, wie er die Datei nun nennt.

DIE ENDLOS-E-MAIL

Oft sind an der Durchführung eines Projektes mehrere Personen beteiligt. Und nach einem Abschluss sind noch viele Punkte und Fragen zu klären, die Dir Dein Kunde möglicherweise per E-Mail stellt. Sehr praktisch ist es dann, eine E-Mail an die beteiligten Personen innerhalb Deines Unternehmens weiterzuleiten, damit jede Person auf die entsprechenden Punkte eingehen kann. So entsteht dann ein Gesprächsverlauf über mehrere Seiten. Ganz wichtig ist dabei, dass jeder die Antworten auf Fragen und Anmerkungen an die oberste Stelle in der E-Mail einfügt, sonst geht das große Suchen für den Kunden los.

Anschließend kannst Du diese E-Mail dann wieder zurück an Deinen Kunden schicken. Diese Vorgehensweise ist sehr vorteilhaft für alle Beteiligten, weil alle Informationen in einer E-Mail gebündelt sind. Wichtig ist nur, dass diese Ketten- oder Endlos-E-Mails auch sorgfältig geschrieben sind. Insbesondere sollten sich dort keine kritischen Anmerkungen über den Kunden befinden.

KAPITEL 8

DIE NACHRICHT PER WHATSAPP

Mittlerweile kommunizieren viele Unternehmen mit ihren Kunden über WhatsApp. Der große Vorteil liegt auf der Hand. Es geht schnell. Denn das Handy hat heute fast jeder fast überall dabei. Eine WhatsApp-Nachricht wird direkt auf dem Handy angezeigt. Und fast jeder nutzt mittlerweile WhatsApp.

Die Frage ist, wie kommuniziere ich per WhatsApp mit dem Kunden. Genauso wie per E-Mail. Denn letztlich gilt hier das Gleiche wie im Verhältnis Brief zu E-Mail. Der Zweck der Kommunikation bleibt ja der gleiche. Es ist eine geschäftliche Kommunikation mit dem Zweck, Termine abzustimmen, Angebotsmerkmale herauszufiltern oder zu ändern und den Abschluss vorzubereiten - allein das Übertragungsmedium ist ein anderes. Es ist noch moderner und schneller als die E-Mail.

Selbstverständlich beachtest Du auch hier die Regeln des höflichen Miteinanders. Eine WhatsApp-Nachricht beginnt natürlich auch mit einer Begrüßung und Anrede. Diese lautet genau wie bei der E Mail allenfalls „Hallo“ aber nicht „Hi“ oder ähnliches. Am Ende der Nachricht steht dann ebenfalls die Grußformel – ausgeschrieben. Statt „VG“ sollte die Zeit für das ausgeschriebene „Viele Grüße“ reichen, zumal es ja auch die Worterkennung gibt.

Darüber hinaus gibt es noch die Diktierfunktion. Das heißt, Du musst

Deine Nachricht gar nicht mehr selbst tippen. Du sprichst sie ins Mikrofon und sie wird zeitgleich als Text wie von Geisterhand geschrieben. Genial! „Schreibe so, wie Du sprichst“, wird da Wirklichkeit. Damit die Sorgfalt auch gewährleistet ist, solltest Du Deine Nachricht noch mal auf Rechtschreib- und Grammatikfehler überprüfen. Nicht jedes Wort wird immer so erkannt, wie es sollte. Die Genauigkeit liegt zwar bei über 90 Prozent, ein paar Korrekturen sind aber manchmal notwendig, bevor Du die Nachricht versendest.

Apropos sprechen. Da gibt es noch die Möglichkeit, Sprachnachrichten über WhatsApp zu verschicken. Dies funktioniert fast wie ein Telefonat mit Deinem Gegenüber und ist eine enorme Vereinfachung der schnellen Kommunikation. Du bist unabhängig davon, wann Dein Gesprächspartner erreichbar ist. Das heißt, Du verschickst Deine Sprachnachricht und Dein Gesprächspartner antwortet, wenn es bei ihm zeitlich passt.

Außerdem bietet WhatsApp noch die Möglichkeit Fotos und Videos zu verschicken. Auch dies bringt in vielen Situationen Erleichterung sowohl für Dich als Unternehmer als auch für Deinen Kunden. Ein Bild sagt nun mal mehr als 1.000 Worte und insofern kann Dein Kunde Dir mit diesem Medium mal eben etwas zeigen, statt einen aufwändigen Ortstermin machen zu müssen.

Aber bitte denke daran, Dich vorab über die rechtlichen Fallstricke zu informieren, die WhatsApp hinsichtlich Datenschutz und der Archivierung geschäftsrelevanter Kommunikation mit sich bringt – Stichwort Datenschutz-Grundverordnung.

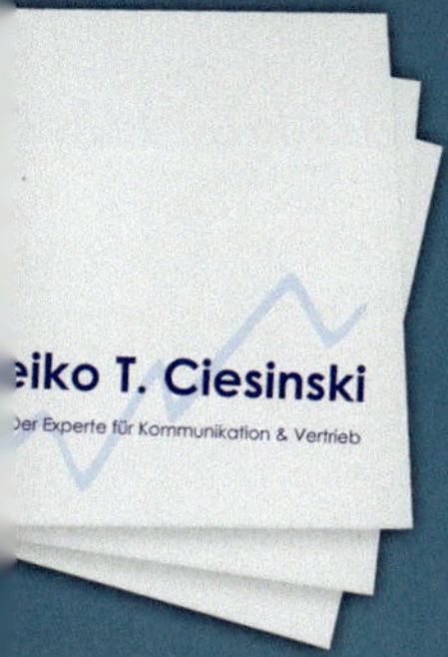

KAPITEL 9

BESONDERE SCHREIBEN

Das schönste Schreiben ist die Rechnung, das wichtigste das Angebot. Denn ohne ein gutes Angebot gibt es auch keine Rechnung. Ein Angebot hat ein anderes Ziel als die Rechnung oder Mahnung. Und Schreiben, die unterschiedliche Ziele haben, haben auch unterschiedliche Anforderungen an den Aufbau und die Formulierungen. Diese unterschiedlichen Schreiben mit ihren Besonderheiten schauen wir uns in den nächsten Abschnitten an. Die Ausgangsschreiben sind Originalschreiben, die ich anonymisiert habe. Sie wurden tatsächlich so verschickt – auch wenn man das gar nicht glauben mag. Die bisher genannten Regeln und Grundsätze gelten selbstverständlich auch in den folgenden Schreiben. Ich werde Dich immer persönlich und direkt ansprechen, so als wenn Du die Schreiben selbst verfasst hättest - auch wenn ich natürlich weiß, dass Du es besser gemacht hättest. 🙂

DER WERBEBRIEF

Der Werbebrief hat die Aufgabe, den Leser von Deinen Produkten, Leistungen und von Deinem Unternehmen zu überzeugen und Vertrauen aufzubauen. Produkte und Leistungen werden immer nur dann gekauft, wenn sie ein Problem lösen. Letztlich kaufen wir keine Produkte, sondern immer nur die Problemlösung dahinter. Im Werbebrief geht es nun darum, dem Leser ein Problem zu verdeutlichen, von dem er bis gerade vielleicht gar nicht wusste, dass er es hat. Anschließend folgt die beschriebene Problemlösung durch Dein Produkt oder Deine Leistung und die Aufforderung, dass der Kunde auf Dich zukommen soll. Am Ende des Werbebriefs soll Dein Leser das Gefühl haben, dass Du sein bestehendes Problem, am besten löst.

Würde Dich dieser Werbebrief überzeugen, wenn Du der angeschriebene Architekt wärst? Wahrscheinlich nicht, denn er geht nicht auf die Person ein, die überzeugt werden muss. Der Architekt bekommt wahrscheinlich sehr viele Werbebriefe und muss am Ende entscheiden, an welchen Anbieter er den Auftrag vergibt. Und genau diese Kauf-Argumente fehlen.

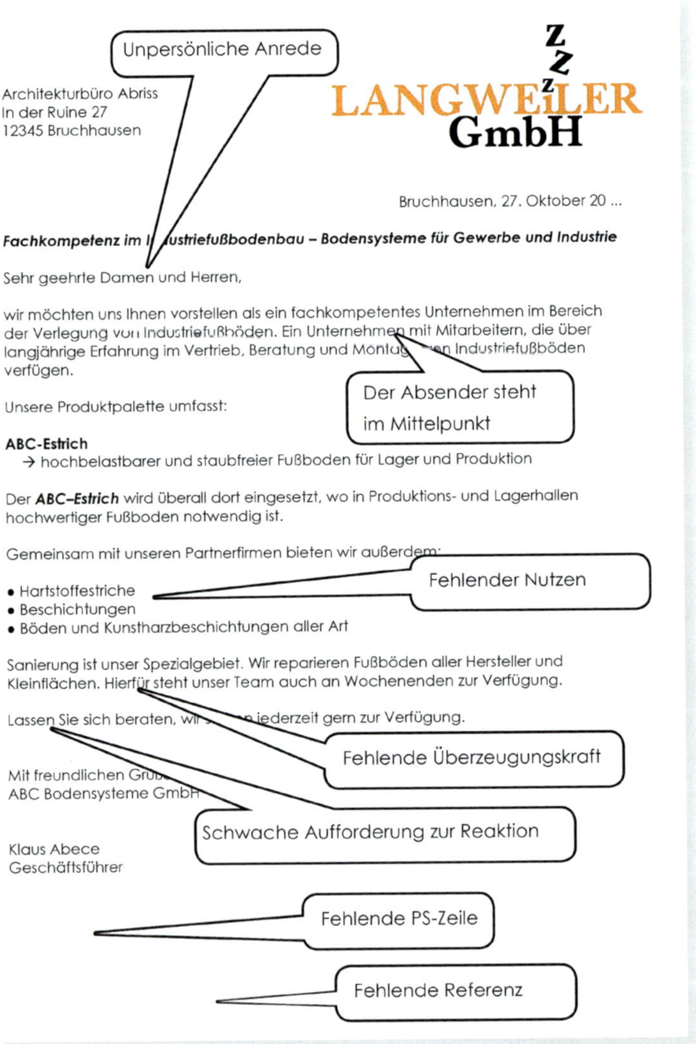

Architekturbüro Abriss
In der Ruine 27
12345 Bruchhausen

LANGWEILER GmbH

Bruchhausen, 27. Oktober 20 …

Fachkompetenz im [illegible]ustriefußbodenbau – Bodensysteme für Gewerbe und Industrie

Sehr geehrte Damen und Herren,

wir möchten uns Ihnen vorstellen als ein fachkompetentes Unternehmen im Bereich der Verlegung von Industriefußböden. Ein Unternehmen mit Mitarbeitern, die über langjährige Erfahrung im Vertrieb, Beratung und Monta[illegible]n Industriefußböden verfügen.

Unsere Produktpalette umfasst:

ABC-Estrich
→ hochbelastbarer und staubfreier Fußboden für Lager und Produktion

Der ***ABC-Estrich*** wird überall dort eingesetzt, wo in Produktions- und Lagerhallen hochwertiger Fußboden notwendig ist.

Gemeinsam mit unseren Partnerfirmen bieten wir außerdem:

- Hartstoffestriche
- Beschichtungen
- Böden und Kunstharzbeschichtungen aller Art

Sanierung ist unser Spezialgebiet. Wir reparieren Fußböden aller Hersteller und Kleinflächen. Hierfür steht unser Team auch an Wochenenden zur Verfügung.

Lassen Sie sich beraten, wi[illegible] jederzeit gern zur Verfügung.

Mit freundlichen Gr[illegible]
ABC Bodensysteme GmbH

Klaus Abece
Geschäftsführer

7 FEHLER GIBT ES IN DIESEM WERBEBRIEF:

1. Unpersönliche Anrede
2. Der Absender steht im Mittelpunkt
3. Fehlender Nutzen
4. Fehlende Überzeugungskraft
5. Schwache Aufforderung zur Reaktion
6. Fehlende PS-Zeile
7. Fehlende Referenz

Nun schauen wir uns die Fehler im Detail an:

1. UNPERSÖNLICHE ANREDE

Wenn Du jemanden mit einem Werbebrief gewinnen möchtest, dann ist es das Mindeste, dass Du ihn mit seinem Namen anschreibst. Das Argument, der Name sei nicht bekannt, greift nicht. Ruf bei dem Unternehmen an und finde den Namen des richtigen Ansprechpartners heraus. Dies erleichtert später eine ganze Menge. Und erhöht Deine Erfolgsaussichten.

2. DER ABSENDER STEHT IM MITTELPUNKT

Im 1. Abschnitt steht nur der Absender des Werbebriefes im Mittelpunkt. Das eigene Unternehmen wird beschrieben und hochgelobt statt den Empfänger anzusprechen und in den Mittelpunkt zu stellen. Der Architekt soll gewonnen und überzeugt werden. Also musst Du den Architekten bei seinen Interessen abholen. Er muss das Gefühl bekommen, dass Du weißt, was ihn interessiert, welches Problem er hat und was ihm wichtig ist. Geh auf den Architekten und seine Interessen ein, sodass er beim Lesen gedanklich nickt und sich sagt: „Ja, das stimmt." Das Wörtchen „Wir" gehört auf keinen Fall an den Briefanfang. Dass sich ein „fachkompetentes Unternehmen" bewirbt, wird der Architekt wohl voraussetzen. Und was heißt „langjährig" – 5 oder 15 Jahre? Formuliere konkret, sodass der Empfänger weiß, was ihn erwartet.

3. FEHLENDER NUTZEN

Statt zu schreiben, was die Produkte alles können, schreibe besser, was der Architekt und seine Kunden davon haben, wenn sie Deine Produkte nutzen. Menschen kaufen Vorteile und Nutzen, nicht das Produkt an sich. Wenn Du erwartest, dass der Architekt sich den Nutzen selbst erschließt oder ihn doch wohl kennen muss, dann machst Du es Dir an dieser Stelle zu einfach. Bei einem Werbebrief willst Du etwas von Deinem Gegenüber - Du willst einen Auftrag. Du möchtest, dass der Adressat im 1. Schritt erst einmal Kontakt zu Dir aufnimmt. Hier gilt es, die Produktvorteile und den Nutzen deutlich herauszustellen. Dies können auch Punkte sein, die Deine Kompetenz oder Deinen Service betreffen, also über das eigentliche Produkt hinausgehen. Am besten sind es Punkte, die der Wettbewerber nicht hat – im besten Fall also echte Alleinstellungsmerkmale.

4. FEHLENDE ÜBERZEUGUNGSKRAFT

Hier fehlt das Argument, warum der Architekt gerade Dir den Zuschlag geben soll und nicht einem Deiner Wettbewerber. Klar, Sanierung ist Dein Spezialgebiet. Vermutlich werden eine Menge Wettbewerber das Gleiche schreiben. Die Überzeugungskraft ist an dieser Stelle nicht groß genug. Was heißt Spezialgebiet? Hast Du einige Projekte in diesem Bereich umgesetzt, machst Du ausschließlich Sanierungen, bist Du vielleicht Sachverständiger oder anerkannter Experte mit Veröffentlichungen in Fachzeitschriften oder sogar Autor eines Fachbuches zu diesem Thema?

5. SCHWACHE AUFFORDERUNG ZUR REAKTION

„Lassen Sie sich beraten" klingt wenig überzeugend und sehr unverbindlich. Und dass der Absender „jederzeit" zur Verfügung steht, vermittelt eher die Botschaft, dass er viel Zeit hat. Ein Spezialist jedoch ist gut gebucht und hat wenig Zeit. Vermittle den Eindruck, dass Du überzeugt bist, dass Dein Adressat sich für Dich entscheiden wird. Und gib einen positiven Ausblick auf die weitere Zusammenarbeit.

6. FEHLENDE PS-ZEILE

In jedem guten Werbebrief weist die PS-Zeile auf einen wichtigen Punkt hin. Dies kann eine Wiederholung aus dem Text sein, zum Beispiel eine Frist, die erneute Aufforderung zur Reaktion oder ein besonderes Verkaufsargument wie ein Alleinstellungsmerkmal. Durch die Wiederholung wird dieser Punkt verstärkt und noch einmal besonders hervorgehoben. Denkbar ist auch der Hinweis auf renommierte Kunden oder eingefügte Kundenstimmen.

7. FEHLENDE REFERENZ

Mit Referenz ist hier die aussagekräftige Stimme eines Kunden gemeint, der die Expertise, die Kompetenz und Zuverlässigkeit des Absenders bestätigt und herausstellt. Je renommierter dieser Kunde ist, beispielsweise ein bekanntes Unternehmen, je höher die Position des Kunden, beispielsweise ein Geschäftsführer oder Vorstand, desto stärker ist das Gewicht der Referenz. Außerdem sollte die Referenz zu einem ähnlichen Projekt gehören wie das, welches Du Deinem Kunden in diesem Werbebrief anbietest.

Dann könnte der Werbebrief so aussehen:

Arno Abriss
Architekturbüro
In der Ruine 27
12345 Bruchhausen

Heiko T. Ciesinski

Der Experte für Schriftverkehr

Bruchhausen, 27. Oktober 20 ...

Begeistern Sie Ihre Kunden mit
Fachkompetenz auf allerhöchstem Niveau im Industriefußbodenbau

Guten Tag Herr Abriss,

Sie suchen ein Unternehmen mit mehr als 20 Jahren Erfahrung sowohl im Vertrieb, in der Beratung und in der Montage von Industriefußböden!? Hier sind wir!

Profitieren Sie:

+ von Verlegeprofis, denen keine Herausforderung zu groß ist
+ von hochmotivierten Mitarbeitern, die für Ihre Kunden auch gerne am Wochenende im Einsatz sind
+ von Lösungen für die anspruchsvollsten Probleme
+ vom ABC-Estrich für den hochbelastbaren und staubfreien Einsatz für Lager- und Produktionshallen
+ von der langen Lebensdauer aufgrund der hohen Abriebfestigkeit des ABC-Estrichs
+ von der zuverlässigen Abwicklung durch den Service aus einer Hand für alle denkbaren Industriefußböden wie
  - Hartstoffestriche
  - Beschichtungen
  - Böden und Kunstharzbeschichtungen aller Art

Warum sollten Sie sich für uns entscheiden? Bei uns erhalten Sie alles rund um den Industriefußbodenbau aus einer Hand. Egal, ob Sanierung oder Reparatur, egal welcher Hersteller und welche Flächengröße. Rund um die Uhr - 7 Tage die Woche.

Sie sind neugierig und möchten uns kennenlernen? Dann kommen Sie auf uns zu und lassen Sie uns miteinander reden, wie eine Zusammenarbeit aussehen könnte.

Freuen Sie sich über Arbeitsergebnisse auf allerhöchstem Niveau!

Mit handwerklichen Grüßen

Klaus Abece

Klaus Abece
Experte für Industriefußböden & Geschäftsführer

Und auf der nächsten Seite lesen Sie was unsere begeisterten Kunden über uns sagen:

Hier ist noch ein richtig gutes Beispiel:

Creditreform

Wirtschaftsauskünfte Inkasso Marketing

Registriertes Inkassounternehmen

Creditreform Dortmund/Witten Scharf KG
Postfach 30 01 47, 44231 Dortmund
Phoenixseestr. 4, 44263 Dortmund
Telefon 02 31 / 54 94 - 5
Telefax 02 31 / 54 94 - 777
E-Mail info@dortmund.creditreform.de

Creditreform Dortmund/Witten Scharf KG Postfach 30 01 47 44231 Dortmund

Herr Michael Mustermann
Musterfirma GmbH & Co. KG
Musterstr. 1
44135 Dortmund

Datum: 17.02.2016

Polieren Sie jetzt Ihr Portfolio auf.

Sehr geehrter Herr Mustermann,

Ihre Kunden sind das Fundament Ihres wirtschaftlichen Erfolgs.

Entdecken Sie verborgene Potenziale, entwickeln Sie neue Vertriebsstrategien und steigern Sie Ihren Umsatz. Auf Basis der führenden deutschen Wirtschaftsdatenbank zeigen wir Ihnen, wie es um Ihre Kunden bestellt ist.

Verschaffen Sie sich mehr **Klarheit** über Ihre **Firmenkunden**…
- ✓ Regionale Verteilung
- ✓ Branchenschwerpunkte
- ✓ Risikoklassifizierung

…und nutzen Sie Ihre **Potenziale!**
- ✓ Neue Umsatzquellen identifizieren
- ✓ Vertriebsaktivitäten richtig ausrichten
- ✓ Geschäftsbeziehungen effektiv gestalten
- ✓ Forderungsausfallrisiken offenlegen

Eine umfassende, exklusive Portfolioanalyse zu Ihren Firmenkunden erhalten Sie von uns kostenlos. Einfach Gutscheincode bis zum 31.05.2016 an vertrieb@creditreform-dortmund.de schicken und mit Ihrer persönlichen Analyse erfolgreich durchstarten!

Mit freundlichem Gruß

Creditreform Dortmund/Witten
Scharf KG

i. A. Hellwig

Corinna Hellwig

Jetzt Gutschein einlösen!

IHR PERSÖNLICHER GUTSCHEINCODE IM WERT VON 300 € LAUTET: D546SWQ. PROFITIEREN SIE JETZT UND RUFEN SIE IHRE ANALYSE PER MAIL AN VERTRIEB@DORTMUND.CREDITREFORM.DE AB.

Dieser Werbebrief vereint viele Elemente, die einen guten und ansprechenden Werbebrief ausmachen. Neben einem gut strukturierten Aufbau werden die wichtigsten Punkte durch die Überschriften im firmeneigenen Blauton hervorgehoben. Die bildhafte Betreffzeile spricht den Leser ebenso an wie der Einstiegssatz „Kunden sind das Fundament Ihres wirtschaftlichen Erfolgs." Hier wird jeder Leser sofort nicken, gedanklich zustimmen und weiterlesen. Im Mittelteil sind die Vorteile einer Zusammenarbeit sehr schön dargestellt. Zum einen optisch durch den eingerückten Text mit den blauen Häkchen. Zum anderen natürlich auch durch die Begriffe, die genau das wiedergeben, was jeder Interessent wissen möchte und was ihn anspricht. Sehr gelungen auch der Störer, also das grafische Element, mit dem Hinweis auf den Gutschein. Und selbstverständlich gibt es auch die PS-Zeile, ebenfalls in Creditreform-blau.

Und noch ein Schreiben, welches in der Ursprungsversion ein langweiliges und wahrscheinlich auch erfolgloses Nachfassschreiben war.

Frau
Dr. Maria Müller
Vierbeinerweg 18
Bellendorf

LANGWEILER GmbH

Unser Treffen

Sehr geehrte Frau Dr. Müller,

vielen Dank für das freundliche Gespräch vor ein paar Wochen.
Leider haben Sie sich noch nicht registriert.
Dies können Sie gerne unter www.bellosmenue.de nachholen.

Wir freuen uns, wenn wir Ihr Interesse erlangen konnten.

Für Fragen rufen Sie mich gerne an.

Mit freundlichen Grüßen
Sabine Mayer

Gebietsleiterin Bellos Menü

Durch ein paar kunden- und nutzenorientierte pfiffige Formulierungen wird es zu einem TOP-Werbeschreiben, welches seine Wirkung nicht verfehlt hat.

Frau
Dr. Maria Müller
Vierbeinerweg 18
12345 Bellendorf

Heiko T. Ciesinski
Der Experte für Schriftverkehr

Haben Sie Hunger …

Guten Morgen Frau Dr. Müller,

.... auf 100% Lebensmittelqualität aller Rohstoffe?

Dann habe ich eine gute und eine schlechte Nachricht für Sie.

Zuerst die gute Nachricht:
Spezialdiät von Bellos Menü bietet Ihnen genau das. Und noch viel mehr:
+ Hohe Akzeptanz durch hochwertige Rohstoffe
+ Spezialnahrungen für 5 Indikationsgebiete
+ Je Indikation 3 Sorten

Die schlechte Nachricht:
Es wird zwar in einer Metzgerei hergestellt, aber nicht für Sie. Sondern für Ihre bellenden Vierbeiner.

Vor Kurzem habe ich Sie in Ihrer Praxis besucht und Ihnen unsere diätetische Hundenahrung vorgestellt.

Fehlen Ihnen noch weitere Informationen, um sich bei Bellos Menü zu registrieren?

Zögern Sie bitte nicht und rufen Sie mich an. Ich stehe Ihnen gerne für Fragen zur Verfügung.

Es gibt aber auch noch eine weitere Möglichkeit, mehr zu erfahren. Vor allem über die hervorragende Akzeptanz unserer Produkte:

Registrieren Sie sich jetzt kostenfrei unter www.bellosmenue.eu und sichern Sie sich 12 x 200 g Lieblingsmenü Kalb und 12 Exemplare unserer neuesten Ausgabe von Bellos Post.

Und das Beste: Mit der Registrierung können Sie auch keine Neuigkeiten mehr verpassen.

Ich bedanke mich bereits jetzt für Ihre Neugier und freue mich auf einen persönlichen Erfahrungsaustausch.

Sonnige Grüße
Sabine Mayer

Ihre Spezialistin für zufriedene Hundehalter

PS: Nicht nur neugierig, sondern bereits Bellos Menü Fan? Dann rufen Sie mich an und wir überlegen gemeinsam, wie wir auch Ihre Patientenbesitzer zu Fans machen.

FAZIT:

Weck das Interesse Deines Lesers und mach ihn neugierig auf Dich, Deine Leistungen und Deine Produkte. Schaff ein Problem und biete dann Deine Lösung an. Füge Deinem Werbebrief eine Referenz bei, die Deine außerordentlichen Leistungen und guten Produkte bestätigt. Und ganz wichtig: Fordere Deinen Adressaten zu einer Reaktion auf. Denn der beste Werbebrief nützt nichts, wenn der Angeschriebene sich nicht bei Dir meldet.

DAS ANGEBOTSBEGLEITSCHREIBEN

Das Angebotsbegleitschreiben ist ein Begleitschreiben zum Angebot. Aber warum denn bitte ein Begleitschreiben?

Um diese Frage zu beantworten, überlegen wir uns, was ein Angebot eigentlich ist. Ein Angebot wirst Du in aller Regel nur auf Wunsch eines Interessenten erstellen. Dein Interessent ruft bei Dir an, schickt Dir eine E-Mail oder fordert vielleicht ein Angebot über Deine Internetseite oder Deinen Shop an. Ich vermute mal, dass Du nicht einfach so ungefragt ein Angebot an irgendjemanden versenden wirst, stimmt's? Wenn der Interessent ein Angebot verlangt, dann hat er ja offensichtlich Interesse an Deinen Produkten und Leistungen, sonst würde er ja kein Angebot bei Dir anfordern. Klingt soweit nachvollziehbar und auch ziemlich logisch!?

Warum benötigt der Interessent nun ein Angebot? Man könnte auch fragen, welche Funktion ein Angebot erfüllen soll. Schreibe die Antwort bitte jetzt direkt hier auf.

DAS ANGEBOT HAT FOLGENDE FUNKTION:

Die meisten meiner Seminarteilnehmer sagen, dass anhand des Angebotes entschieden wird, welches der günstigste Anbieter ist. An diesen günstigsten Anbieter wird dann auch der Auftrag vergeben. Das erklärt dann auch, warum die meisten Angebote so aussehen wie dieses Beispiel:

Z
Z
Z
LANGWEILER
GmbH

Flott Gmbh & Co. KG
Herrn Theo Retisch
Rapunzelweg 12
12345 Märchenwald

Märchenwald, 13. März 20..

Angebot – Nr.: 03-13-20../1315

Bauvorhaben: Flott Gmbh & Co.KG
Rapunzelweg 12
12345 Märchenwald

Wir danken Ihnen für Ihre Anfrage und bieten Ihnen unsere Leistungen gemäß beigefügten Unterlagen an.
Bei der Kalkulation unserer Preise sind wir davon ausgegangen, dass die Arbeiten bis Ende

1. Quartal 2018

fertig gestellt werden können.

Im Auftragsfall geplante Arbeitsaufnahme: **steht noch nicht fest**

Mit freundlichen Grüßen

Oder wie dieses Anschreiben, welches ich per E-Mail erhalten habe:

LANGWEILER GmbH

Sehr geehrter Herr Ciesinski,

vielen Dank für Ihre Anfrage, über die wir uns sehr freuen und das freundliche Telefonat. Gerne würden wir die CD-Produktion mit Ihnen gemeinsam umsetzen.
Im Anhang dieser E-Mail finden Sie das gewünschte Angebot und zusätzlich eine Übersicht weiterer Serviceoptionen, mit denen wir Ihnen dienlich sein können, falls Interesse besteht.

Wir freuen uns über Rückmeldung und stehen Ihnen für evtl. Rückfragen oder auch bei Änderungswünschen jederzeit gerne zur Verfügung.

Beste Grüße nach Haltern nach See

Oder diese einleitenden Zeilen vor dem Angebot:

LANGWEILER GmbH

Angebot

Unser Zeichen [redacted]

Angebotsnummer 70270

Sehr geehrter Herr Ciesinski,

vielen Dank für Ihre Anfrage. Entsprechend erhalten Sie folgend unser freibleibendes Angebot. Wir freuen uns auf Ihren Auftrag.

Wenn die Anschreiben zu den Angeboten so aussehen, dann muss sich doch auch keiner wundern, dass der günstigste Anbieter den Zuschlag bekommt.

Die meisten Angebote sind nur eine Auflistung von verschiedenen Positionen mit Materialien, Leistungen und Preisen. Eine solche Auflistung ist sachlich, nüchtern und rational. Je nach Branche oder Umfang des angefragten Produktes oder der Leistung kann das Angebot unterschiedlich lang sein. Beim Angebot für einen PC reicht 1 Seite, während das Angebot für eine Dachsanierung meist über 10, 20 oder noch mehr Seiten geht. In den meisten Branchen – egal, ob im Handwerk, in technischen Bereichen und auch in der Finanz- und Versicherungsbranche – bestehen meist wenig Möglichkeiten, Einfluss auf den Aufbau des Angebotes zu nehmen, weil diese Angebote oft automatisch aus einer Angebotssoftware heraus erstellt werden.

Nun stell Dir vor, Dein Kunde hat 4 weitere Angebote von Deinen Wettbewerbern angefordert. Stell Dir weiter vor, alle angeforderten Angebote – insgesamt also 5 - sind von den Positionen fast identisch, weil ja auch die Vorgaben vom Interessenten identisch waren. Und alle Angebote sind vom Aufbau und der Gestaltung ebenfalls weitgehend gleich, weil sie von derselben oder einer ähnlichen Software erstellt wurden.

Wie wird der Kunde denn jetzt die Entscheidung treffen, wenn die Angebote nahezu identisch sind? Oft bleibt nun als einziges Ent- und Unterscheidungsmerkmal nur noch der Preis. Und für welchen Preis wird der Kunde sich vermutlich entscheiden? Na klar, für den günstigsten!

Nun nehmen wir mal an, dass auch der Preis bei allen Angeboten identisch ist. Für welches Angebot würdest Du Dich als Kunde nun entscheiden?

Wenn der Preis bei allen Anbietern identisch ist, dann entscheide ich mich für:

Von meinen Seminarteilnehmern kommt hier meist die Antwort:

„Ich entscheide mich für das Angebot,

- welches am vertrauenswürdigsten herüberkommt,
- welches am sympathischsten erscheint.“

Woran machst Du nun Vertrauen oder Sympathie fest, wenn alles gleich ist bei der sachlichen Auflistung von zig Positionen? Die Lösung ist ganz einfach: Erstell ein professionelles Anschreiben zum Angebot für Deinen Interessenten. Mit diesem Angebotsbegleitschreiben hebst Du Dich positiv und wohltuend gegenüber Deinen Wettbewerbern ab.

Du kennst dieses Anschreiben bestimmt aus einem anderen Zusammenhang. Hast Du Dich schon mal beworben? Vermutlich hast Du auch da ein Anschreiben verfasst und vor die eigentlichen Bewerbungsunterlagen wie Lebenslauf und Zeugnisse gelegt. Bei einer Bewerbung ist es üblich, ein Anschreiben beizufügen, um dem Personalchef einen ersten Eindruck vom Bewerber zu geben. Die wichtigsten Gründe, warum das Unternehmen sich für den Bewerber entscheiden soll, werden dort angeführt.

Das Anschreiben ist somit die Entscheidungsgrundlage für den Personalchef. Genauso ist das Begleitschreiben zum Angebot eine Entscheidungsgrundlage für den Interessenten. Denn es ist nicht nur der Preis entscheidend. Ganz im Gegenteil: Stell Dir vor, Du wärst Architekt und machst eine Ausschreibung für den Rohbau eines Hauses. Wäre für Dich der Preis das einzige Entscheidungskriterium?

Oder wäre es nicht vielleicht genauso wichtig, dass das Bauunternehmen zuverlässig ist und den Rohbau in dem versprochenen Zeitraum fertigstellt?

Oder ist dieser Punkt vielleicht sogar viel wichtiger als den günstigsten Preis zu bekommen? Denn was nützt Dir der günstige Preis, wenn sich die Fertigstellung verzögert und Du am Ende einen unzufriedenen Kunden hast oder vielleicht sogar eine Konventionalstrafe zahlen musst?

Selbstverständlich ist es für die meisten Unternehmen bei genauerem Überlegen sehr viel wichtiger einen zuverlässigen Geschäftspartner zu haben als den günstigsten Anbieter, mit dem es später Terminverzögerungen, Reklamationen und eine Menge Ärger gibt.

Genau dies ist die Funktion, die ein Angebot und das Begleitschreiben dazu erfüllen sollte:

- Angebot und Begleitschreiben sollen Deinem Interessenten das gute Gefühl geben, dass **Du** der richtige Partner für ihn bist.

ANGEBOT UND BEGLEITSCHREIBEN BILDEN DIE **ENTSCHEIDUNGSGRUNDLAGE** FÜR DEN AUFTRAG.

Zur Entscheidungsgrundlage gehören noch mehr Punkte als nur der Preis. Der Interessent möchte wissen, ob Du das, was er möchte, auch umsetzen kannst – und zwar richtig gut. Der Interessent möchte doch denjenigen Anbieter, der das am besten kann und nicht denjenigen, der nur Durchschnitt liefert.

Damit der Leser Deines Angebotes auch genau dieses Gefühl bekommt, dass Du umsetzen kannst, was er wünscht, solltest Du seine Wünsche und Vorstellungen mit in das Angebotsbegleitschreiben aufnehmen. Dies wiederum setzt natürlich voraus, dass Du Deinen künftigen Kunden vorher gefragt hast, was ihm alles wichtig ist.

Da denke ich nicht nur an die reinen Fakten einer Produktbeschreibung wie:

- Bau eines Einfamilienhauses in einer bestimmten Qualität
- Umfang und Farbe beim Anstrich eines Wohnzimmers
- Verkabelung eines Computernetzwerkes
- Baufinanzierung für ein Einfamilienhaus
- Beratung in steuerlichen Angelegenheiten

Dies sind nämlich Punkte, die die meisten Unternehmen beherrschen, weil es genau ihre Kernkompetenz ist. Das ist ja auch genau der Grund, warum die meisten Angebote so ähnlich sind. Jeder Bauunternehmer kann ein Haus bauen, jeder Maler kann ein Wohnzimmer streichen, jeder IT-Dienstleister kann ein Netzwerk verkabeln, jede Sparkasse oder Bank ein Haus finanzieren. Und jeder Steuerberater kann zum Thema Steuern beraten. Zumindest laut Angebot.

Entscheidend bei der Umsetzung einer Leistung oder eines Produktverkaufs könnte deshalb das „Wie" der Abwicklung sein. Welche Punkte könnten denn nun noch wichtig sein, neben der eigentlichen Kernkompetenz? Schreib doch mal ein paar Punkte auf, die für Dich wichtig sind, wenn Du ein Angebot für ein Haus oder für einen Wohnzimmer-Anstrich, für die Netzwerkverkabelung, für eine Baufinanzierung oder für Deine Steuerberatung angefordert hättest:

Dies könnten so Punkte sein wie:

- Kreative Ideen und Vorschläge
- Fester Ansprechpartner auf der Baustelle
- Deutschsprachige Mitarbeiter
- Regelmäßiger Austausch über den Stand der Arbeiten
- Keine Farbkleckse auf den Fliesen
- Sauberes Abkleben
- Anziehen von Überschuhen im Innenbereich
- Verlassen eines staubfreien Arbeitsplatzes
- Frühzeitiges Informieren bei Terminverzögerungen
- Einhalten von Absprachen
- Fester Ansprechpartner nach dem Kauf
- Geld-zurück-Garantien
- Erläuterung verschiedener Finanzierungsalternativen
- Regelmäßige Steuertipps
- Hinweis auf aktuelle und interessante Steuerurteile
- Tipps zum elektronischen Fahrtenbuch
- Schnelle Rückrufe
- Umtauschmöglichkeiten
- Kurze Kündigungsfristen

Wenn Dein Interessent diese oder ähnliche Punkte nennt, dann solltest Du genau diese Punkte in Dein Angebotsschreiben mit einbauen. So gibst Du Deinem Interessenten das gute Gefühl und die Sicherheit, dass Du das, was ihm wichtig ist, auch umsetzen kannst. Natürlich kannst Du ihm das auch im Gespräch zusichern, aber das gesprochene Wort ist nun mal flüchtig.

Deshalb ist das folgende Standard-Angebot nicht geeignet, dem Interessenten die benötigte Sicherheit für einen Auftrag zu geben:

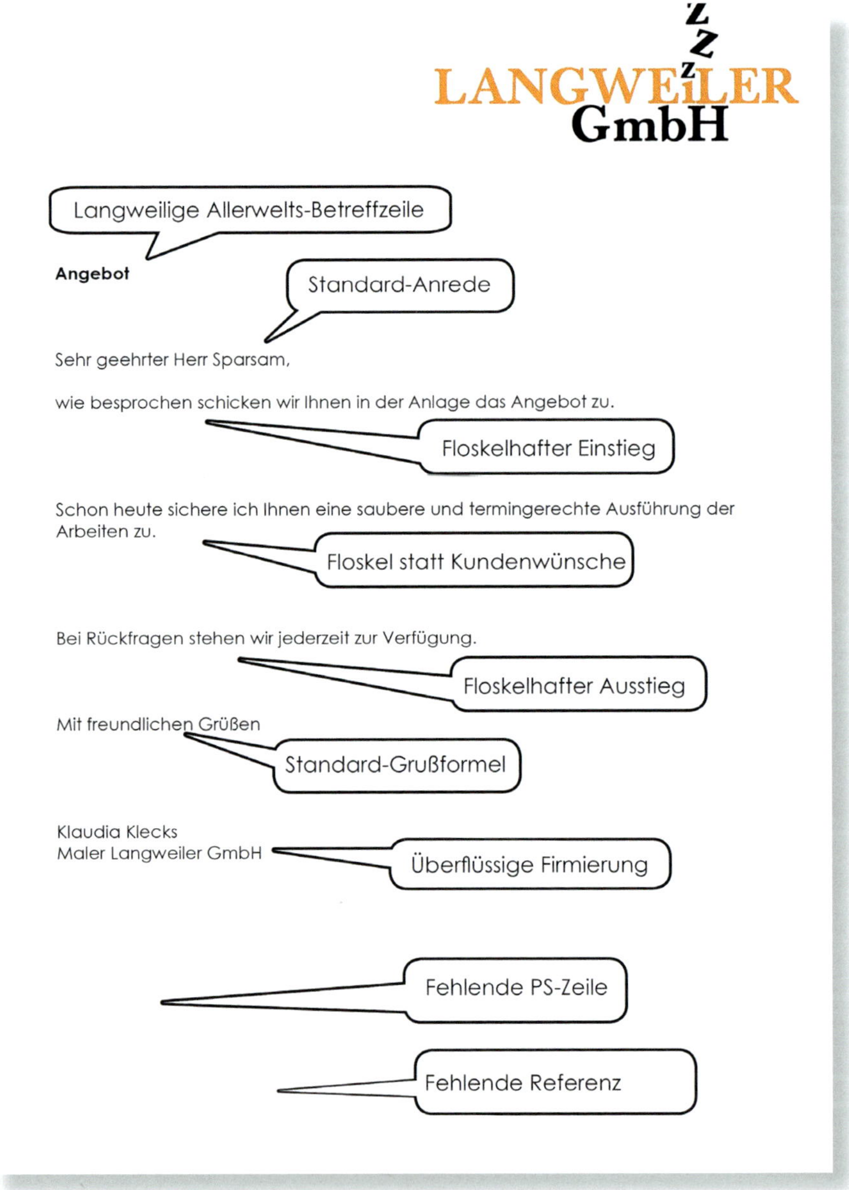
LANGWEILER GmbH

Angebot

Sehr geehrter Herr Sparsam,

wie besprochen schicken wir Ihnen in der Anlage das Angebot zu.

Schon heute sichere ich Ihnen eine saubere und termingerechte Ausführung der Arbeiten zu.

Bei Rückfragen stehen wir jederzeit zur Verfügung.

Mit freundlichen Grüßen

Klaudia Klecks
Maler Langweiler GmbH

IN DIESEM ANGEBOT BEFINDEN SICH 10 FEHLER:

1. Langweilige Allerwelts-Betreffzeile
2. Standard-Anrede
3. Floskelhafter Einstieg
4. Floskel statt Kundenwünsche
5. Floskelhafter Ausstieg
6. Standard-Grußformel
7. Überflüssige Firmierung
8. Fehlende PS-Zeile
9. Fehlende Referenz
10. Langweiliger Aufbau

Im Detail sind dies:

1. LANGWEILIGE ALLERWELTS-BETREFFZEILE

Die Betreffzeile „Angebot" ist eine langweilige Allerwelts-Betreffzeile und passt für jede Branche und für jedes Angebot. Sie ist an Einfallslosigkeit und fehlender Aussagekraft nicht zu überbieten. Diese Betreffzeile ist austauschbar. Um sich an dieser wichtigen Stelle schon vom Wettbewerber abzuheben, sollte die Betreffzeile auf den Inhalt des Angebotes abgestimmt sein.
Eine Betreffzeile wie

- ✗ *Malerarbeiten*
- ✗ *Fassadensanierung*
- ✗ *Anstrich Wohnzimmer*

geht schon etwas konkreter auf den Inhalt des Angebotes ein. Wirklich kreativ und ansprechend sind aber auch diese Betreffzeilen nicht.

- ✓ *Frische Farbe für Ihr Wohnzimmer*
- ✓ *Ein neues Gesicht für Ihre Fassade*
- ✓ *Ihre neue energiesparende Fassade*
- ✓ *Farbenzauber für Ihre Fassade*
- ✓ *Mediterranes Flair*
- ✓ *Jetzt wird's bunt!*
- ✓ *Pinsel und Farbeimer stehen schon bereit*
- ✓ *Wir stehen schon in den Startlöchern!*

Diese Beispiele erfüllen viele Kriterien einer guten und ansprechenden Betreffzeile. Sie sind emotional und bildhaft formuliert und stellen den Nutzen nach vorne. Dies wird ganz besonders deutlich bei der „energiesparenden Fassade“.

2. STANDARD-ANREDE

Die Anrede „Sehr geehrt“ ist langweiliger 08/15-Standard. Sie ist distanziert und erreicht damit genau das Gegenteil von dem, was im Verkauf das Ziel sein sollte: Eine Beziehung zum künftigen Kunden aufzubauen. Je nachdem wie die Vorgespräche mit dem Interessenten gelaufen sind, entscheidest Du Dich für die passende Anrede. Wenn es eine recht lockere Atmosphäre war und Du ein gutes Gefühl hast, schreibst Du „Hallo“, ansonsten „Guten Tag“. „Guten Tag“ geht immer, damit liegst Du immer richtig. Oder Du entscheidest Dich für einen regionalen Gruß wie „Grüß Gott“ oder „Moin“.

3. FLOSKELHAFTER EINSTIEG

„Wie besprochen“ und „in der Anlage“ – mehr Floskeln in einem Satz gehen kaum. Dass ihr miteinander gesprochen habt und Du genau deshalb Deinem Interessenten das Angebot zuschickst, das wird er wissen. Und wenn Du ihm das Angebot per Post zuschickst, dann wird er das Angebot „als Anlage“ hinter Deinem Anschreiben auch so finden. Was solltest Du ihm auch sonst schicken, wenn nicht das Angebot? Besser ist es, dem Empfänger zu danken, sei es für das Interesse, das sympathische Gespräch oder vielleicht auch für den leckeren Kuchen, den Du bekommen hast, als Du zum Aufmaß beim Kunden warst.

4. FLOSKEL STATT KUNDENWÜNSCHE

Statt jetzt auf die Kundenwünsche einzugehen, kommt nun eine im Handwerk weit verbreitete Standardfloskel. „Die saubere und termingerechte Ausführung“ ist sicher eine Grundvoraussetzung für jeden Kunden, um den Auftrag zu erteilen. Wenn Du auf diesen Punkt eingehen willst, dann bitte etwas pfiffiger.

Hier ist nun die Stelle, an der Du punkten kannst und musst, wenn Du den Auftrag erhalten willst. Platziere die 3 bis 5 wichtigsten Punkte, die für Deinen Interessenten für die Auftragserteilung entscheidend und ausschlaggebend sind und gib ihm die Sicherheit, dass Du diese Punkte erfüllst. Diesen Teil kennst Du, wenn Du Dich mal irgendwann beworben hast. Wenn in der Stellenanzeige als Einstellungsvoraussetzungen teamfähig und kommunikationsstark stand, was stand dann in Deinem Anschreiben zur Bewerbung? Teamfähig und kommunikationsstark – richtig? Und warum? Damit der Personalchef das Gefühl bekommt, dass derjenige dessen Bewerbung er gerade in der Hand hält, genau die Person ist, die am besten auf die Stellenanzeige passt. Was so einfach und durchschaubar klingt – hat genau so funktioniert! Beim Angebot funktioniert es genauso. Wenn Du die Wünsche Deines Interessenten einbaust, wird er sich verstanden fühlen. Auch Dein Interessent wird das Gefühl bekommen, dass das Unternehmen, dessen Angebot er gerade in der Hand hält, genau das Unternehmen ist, welches seine Wünsche am besten umsetzt. Ist das wirklich so einfach? Ja, ist es! Probiere es aus!

Wenn Du jetzt noch ganz mutig bist, setzt Du noch ein Sahnehäubchen oben drauf. Du verblüffst Deinen Interessenten und hebst Dich mit einem Alleinstellungsmerkmal gegenüber Deinen Wettbewerbern ab. Der häufigste Grund, warum Interessenten nicht zu Kunden werden und nicht kaufen, ist das Risiko einer falschen Entscheidung! Solange Dein Interessent unsicher ist, ob Du das hältst, was Du versprichst, solange wird er mit der Kaufentscheidung zögern. Wenn Du Deinem Interessenten nun aber eine Garantie gibst, dann gibt ihm das Sicherheit! Denkbar ist eine Liefer-, Fertigstellungs- oder Geld-zurück-Garantie!

Ich höre schon die Stimmen, die jetzt sagen: „Das geht nicht!". Selbstverständlich geht nicht alles bei jedem. Das Bauunternehmen kann natürlich keine Geld-zurück-Garantie für das fertiggestellte Haus geben. Aber es könnte eine Garantie für den Fertigstellungstermin geben. Für jeden Tag, den es später fertig ist, erhält der Kunde einen Betrag x. Kannst Du Dir vorstellen, dass ein Hersteller von Anzügen und Hemden, seinen Kunden ein 6-monatiges

Rückgaberecht gewährt? Selbst für getragene und gewaschene Kleidung. Oder ein Versandhandel für Bekleidung gibt seinen Kunden eine Zufriedenheitsgarantie für die nächsten 30 Jahre. Unvorstellbar, stimmt's? Vielleicht macht genau dies den Erfolg dieser beiden Unternehmen aus. Warum geben diese Unternehmen eine solche Garantie? Vielleicht, weil sie sicher sind, diese Garantie nicht zu benötigen, da die Produkte so gut sind. Vielleicht ist es genau diese Garantie, die dem Kunden die Sicherheit gibt, die er für seine Kaufentscheidung benötigt. Schau mal nach bei Charles Tyrwhitt und Lands' End.

Im Handwerk gibt es die 5-jährige Gewährleistung nach VOB – der Vergabe- und Vertragsordnung für Bauleistungen. In einem meiner Seminare war mal ein Dachdecker, der meinte, ein Dach würde viel zu lange halten – 20, 30, ja vielleicht sogar 40 Jahre. Da könne er auch locker zusätzlich 5 Jahre Garantie dazugeben, also die Sicherheit für den Kunden um 100 Prozent erhöhen. Ob diese Garantie wohl den einen oder anderen Interessenten überzeugen wird? Aber mit Sicherheit. Denn die zusätzliche Garantie sagt doch etwas über das Qualitätsbewusstsein des Dachdeckers aus.

Welche Garantie könntest Du Deinem Kunden geben? Ich könnte folgende Garantien geben:

___

___

___

5. FLOSKELHAFTER AUSSTIEG

„Bei Rückfragen stehen wir jederzeit zur Verfügung" ist ein ebenfalls beliebter und viel benutzter Floskel-Klassiker. Grund genug sich ab sofort von ihm zu verabschieden. Das Wort „Rückfragen" mag gut aussehen oder gut klingen –

als Doppelmoppel gehört es aber nicht in ein kundenorientiertes Schreiben. Fragen gehen immer zurück an Deinen Gesprächspartner. Und „jederzeit zur Verfügung" zu stehen, ist vermutlich glatt gelogen. Wenn Du hier mal kurz überlegst, wie Du diesen Ausdruck formulieren würdest, wenn Dein Kunde vor Dir steht, dann wird es ganz einfach, eine gute Formulierung zu finden. Vielleicht so?

- ✓ *Sie haben Fragen? Dann kommen Sie auf mich zu.*
- ✓ *Haben Sie Fragen? Dann rufen Sie mich an.*
- ✓ *Beantworten die Unterlagen alle Ihre Fragen? Wenn nicht, dann melden Sie sich bei uns. Wir sind gerne für Sie da!*

6. STANDARD-GRUSSFORMEL

Zu den „freundlichen Grüßen" wurde genug geschrieben. Wenn's modern sein soll, dann bitte weg damit. Ersetze diese Grußformel durch eine andere – welche auch immer. Bei einem Maler bieten sich hier natürlich die „farbenfrohen Grüße" an. Die jetzt noch in farbigen Buchstaben gedruckt – ein absoluter Hingucker. So wie die Grüße der Maler- und Lackiererinnung Berlin.

Hallo,

hier - wie versprochen - die neue verbindliche Buchung für den 30.1.2018

Schöne Grüße aus der Hauptstadt ;-)

Mit farbigen Grüßen

Regina Armgart-Ziems / Berufsaus- und Weiterbildung

Maler- und Lackiererinnung Berlin

Oder Du ersetzt die Grußformel durch meine Lieblingsformel für Angebote: „Viel Spaß beim Stöbern in den Unterlagen wünscht Ihnen ..."

7. ÜBERFLÜSSIGE FIRMIERUNG

Statt die überflüssige Firmierung in der Signatur zu nennen, solltest Du hier noch mal Deine Kompetenz zeigen und Dich vom Wettbewerb abheben. Mit welchem Unternehmen Dein Interessent es zu tun hat, das sollte er mittlerweile wissen. Präsentiere Dich als Farb-Experten und stelle Deinen Meistertitel heraus – sofern vorhanden.

8. FEHLENDE PS-ZEILE

Die PS-Zeile solltest Du dazu nutzen, wichtige Dinge Deines Angebotes noch einmal hervorzuheben. Dies können Fristen sein, wenn Du Dein Angebot nur für eine bestimmte Zeit aufrecht halten möchtest. Dies kann ein Sondernachlass sein, wenn Dein Interessent eine schnelle Entscheidung trifft. Bitte vermeide unbedingt das Wort Rabatt. Meine Empfehlung ist, statt der PS-Zeile eine pfiffigere und modernere Formulierung zu nehmen, beispielsweise „Übrigens“ oder „Ach, ja“.

Wenn Du auf ein weiteres starkes Verkaufsargument in Deinem Angebot hinweisen möchtest, dann nutze doch folgende Formulierung: „Und auf der nächsten Seite lesen Sie, was unsere begeisterten Kunden über uns sagen.“

9. FEHLENDE REFERENZ

Eines der stärksten Argumente fehlt in den meisten, ja, in fast allen Angeboten. Es ist die Referenz – die Liebeserklärung Deiner Kunden. Da dies einer der zentralen Bausteine in einem Angebot ist, widme ich mich diesem Thema später in einem eigenen Abschnitt.

10. LANGWEILIGER AUFBAU

Das Begleitschreiben zum Angebot ist nicht nur inhaltlich und von den gewählten Floskeln her ein Standardschreiben, auch der Aufbau und die Struktur sind schlicht und langweilig. Durch Einrückungen und Fettdruck kannst Du Dein Angebot allein schon optisch aufwerten. Wenn Du noch eine

Grafik einfügst, dann hast Du im wahrsten Sinne des Wortes einen Hingucker für Deinen Leser.

Vorhin stand die Frage im Raum, ob es Sinn macht, auf die fach- und termingerechte Ausführung hinzuweisen. So mancher meiner Seminarteilnehmer meinte, wenn man die saubere, fach- und termingerechte Ausführung nicht erwähnen würde, der Wettbewerber aber schon, dann wäre man raus aus dem Angebotsrennen. Weil der Interessent denken könnte, der Wettbewerber bietet dies und man selbst nicht. Dann sollte der Hinweis jedoch auf eine andere, ungewöhnliche Art und Weise erfolgen und nicht so floskelhaft. Dies könnte ein Post-it sein. Entweder als tatsächlich aufgeklebtes oder wie hier als Bild, welches an einer Stelle im Anschreiben eingefügt wird.

Selbstverständlich kann dieses Post-it individuell beschriftet werden. Der Hinweis auf die saubere, fach- und termingerechte Ausführung der Arbeiten ist nur eine Möglichkeit. Denkbar wäre auch eine Frist hineinzuschreiben oder die Referenz eines Kunden. In jedem Fall fällt ein solches Post-it in einem Angebotsschreiben auf. Und darum geht es ja: Auffallen durch andere ungewöhnliche Gestaltungselemente.

Mit diesen Hinweisen könnte Dein neues kundenorientiertes Angebotsbegleitschreiben dann so aussehen:

Heiko T. Ciesinski
Der Experte für Schriftverkehr

Warum Sie uns den Auftrag geben sollten!

Guten Tag Herr Sparsam,

vielen Dank für den freundlichen Empfang und das angenehme Gespräch.

Sie legen besonderen Wert auf die folgenden Punkte:

+ kreative Ideen & Lösungsvorschläge
+ sauberer Arbeitsplatz beim Verlassen
+ Arbeitsbeginn nicht vor 9 Uhr
+ garantierte Fertigstellung zum 1. April 2018

Selbstverständlich erfüllen wir all diese Punkte. Garantiert!

Unsere Garantie - Ihre Sicherheit:
Sollten wir nicht zum 1. April fertig sein, erhalten Sie pro Tag, den wir länger brauchen 100 Euro. Ist das ein Angebot?

Schauen Sie sich alles ganz in Ruhe an und lassen Sie uns Anfang der nächsten Woche miteinander telefonieren.

Herr Sparsam, Sie haben vorab noch Fragen zum Angebot oder weitere Wünsche? Dann kommen Sie einfach auf uns zu.

Viel Spaß beim Stöbern in den Unterlagen
wünscht Ihnen

Ihre Farb-Expertin

Für uns selbstverständlich:
✓ saubere Arbeiten
✓ termingerechte & zuverlässige Ausführung

Klaudia Klecks
Klaudia Klecks
Malermeisterin

Und auf der nächsten Seite lesen Sie, was unsere begeisterten Kunden über uns sagen:

Und wenn Du nun sagst, dass dieses Angebotsbegleitschreiben ja schon etwas aufwändiger ist, dann hast Du natürlich Recht. Aber einen persönlichen Liebesbrief zu schreiben, ist halt etwas aufwändiger als einfach nur einen Brief zu kopieren, den Namen auszutauschen und an die Liebste zu schicken. Wenn Du von Deinem Kunden den Auftrag möchtest, kann dieser doch auch erwarten, dass Du Dir etwas Mühe gibst. Und es ist doch viel sinnvoller, sich etwas Mühe zu geben und den Auftrag zu erhalten statt ein 08/15-Angebot zu versenden und am Ende leer auszugehen. Denn auch das schlecht gestaltete Angebotsbegleitschreiben kostet Dich doch Zeit, stimmt's?

Jetzt gibt es aber auch Unternehmen, die gar nicht die Möglichkeit haben, solch individuell formulierte Angebote zu erstellen, weil sie beispielsweise an einem Tag unzählige Angebote herausschicken. Angebote, bei denen die Angebotssummen auch relativ klein sind, sodass der Aufwand sich gar nicht rechnen würde. Oder Du möchtest ein Standardschreiben nutzen, auf welches Du immer wieder schnell zurückgreifen kannst, welches aber trotzdem nicht so langweilig ist, wie das Beispiel auf Seite 140. Dann benutze doch ein Schreiben, welches sich durch andere, pfiffige Formulierungen abhebt und trotzdem immer wieder benutzt werden kann.

Hier ist ein Beispiel:

Ihre energiesparende neue Fassade

Guten Tag Herr Schnörksel,

vielen Dank für den freundlichen Empfang zum Aufmaß bei Ihnen zuhause,

Wieder zurück im Büro habe ich mich direkt an die Arbeit gemacht und Ihre Wünsche in Ihrem persönlichen Angebot umgesetzt. Schauen Sie sich alles ganz in Ruhe an und lassen Sie uns Anfang der nächsten Woche miteinander telefonieren

Haben Sie noch Fragen zum Angebot oder weitere Wünsche? Dann kommen Sie einfach auch mich zu.

Farbenfrohe Grüße nach ...

Klaudia Klecks
Malermeisterin & Farb-Expertin

Ach ja, Pinsel und Farbeimer  stehen schon bereit. Wann dürfen wir anfangen?

Und was macht ein Unternehmen, welches am Tag viele Angebote mit kleineren Angebotssummen herausschickt, wie beispielsweise ein Handel mit Motorenöl und Schmiermitteln? Hier mal ein anonymisiertes Original-Angebot:

Z Z Z
LANGWEILER
GmbH

Traktor GmbH
Thomas Traktor
Landwirtschaftsweg 8

12345 Landorf

Angebot
Datum: 24.03.20..

Sachbearbeiter: Frauke Fleißig
01234 / 4567 – 0
0160 / 12346567 Hr. Martin Ölmann **(AD)**

Kontakt: Herr Thomas Traktor
Email. traktor@traktor-gmbh.de

Sehr geehrter Herr Traktor,

vielen Dank für Ihre Email-Anfrage vom 21.03.20..
Nachfolgend bieten wir Ihnen an:

Pos.	Produkt	Gebindegröße	Preis €
1.	**ÖL Super Schmierig IIII 5W-30** (Motorenöl)	1 ltr. Dosen (1 VE = 12 x 1 ltr.)	5,55 / ltr.
		20 ltr. Kanister	3,33 / ltr.
		60 ltr. Garagenfass	4,44 / ltr.
		208 ltr. Faß	2,34 / ltr.
2.	**ÖL SuperTec Flutschig** (Kühlerfrostschutz)	25 ltr. Kanister	3,50 / ltr.
		60 ltr. Garagenfass	3,15 / ltr.

Die Preise verstehen sich zzgl. der gesetzlichen MwSt.

Lieferzeit: ca. 5-7 Werktage nach Auftragseingang (unter Vorbehalt)
Lieferbedingungen: frei Haus
Zahlungsbedingungen: 30 Tage netto

Sollten Sie noch Fragen haben, erreichen Sie uns gerne unter den oben angegebenen Rufnummern.

Mit freundlichen Grüssen

Ölmann GmbH

gez. Fleißig

Nun schau mal, was Du mit ein paar pfiffigen Formulierungen daraus machen kannst.

Thomas Traktor
Traktor GmbH
Landwirtschaftsweg 8

12345 Landorf

Heiko T. Ciesinski

Der Experte für Schriftverkehr

Angebot

Datum: 24.03.20..

Sachbearbeiter: Frauke Fleißig
Tel: 01234 / 4567 – 0
Mobil: 0160 / 12346567
AD: Hr. Martin Ölmann

Kontakt: Herr Thomas Traktor
E-Mail: traktor@traktor-gmbh.de

Guten Tag Herr Traktor,

vielen Dank für Ihre E-Mail-Anfrage vom 21.03.20..
Natürlich ist der Preis ein wichtiger Punkt - **viel wichtiger ist aber die zuverlässige, pünktliche und vor allem g a r a n t i e r t e Lieferung! Und freundliche Mitarbeiter, die immer etwas mehr tun, stimmt's?**

Und diese Punkte heben uns von anderen ab.

Neben den besten Produkten, die Sie von uns erhalten:

Pos.	Produkt	Gebindegröße	Preis €
1.	**ÖL Super Schmierig IIII 5W-30** (Motorenöl)	1 ltr. Dosen (1 VE = 12 x 1 ltr.) 20 ltr. Kanister 60 ltr. Garagenfass 208 ltr. Faß	5,55 / ltr. 3,33 / ltr. 4,44 / ltr. 2,34 / ltr.
2.	**ÖL SuperTec Flutschig** (Kühlerfrostschutz)	25 ltr. Kanister 60 ltr. Garagenfass	3,50 / ltr. 3,15 / ltr.

Dies sind alles Nettopreise. Die gesetzliche MwSt. kommt noch dazu.

Garantierte Lieferzeit: 5 Werktage nach Auftragseingang
Wir liefern bis in Ihre Werkstatt – als zusätzlichen Service! Kostenlos!
Zahlungsbedingungen: 30 Tage netto

Sie haben Fragen? Dann rufen Sie uns direkt an. Damit wir schnell für Sie tätig werden können. Und es wieder läuft wie geschmiert!

Einen reibungslosen Arbeitstag
wünscht Ihnen

Frauke Fleißig
Die gute Seele im Büro

Wenn Du an der einen oder anderen Stelle nicht ganz so mutig bist, dann formuliere etwas zurückhaltender. In jedem Fall kannst Du dieses Schreiben immer wieder benutzen und musst nicht jedes Mal neu formulieren. Wenn Du 2 bis 3 pfiffige Schreiben vorformulierst, dann kannst Du sogar variieren und Dein Kunde erhält nicht immer das gleiche Schreiben. Glaubst Du, dass Du mit solchen Schreiben auffällst und herausstichst? Aber natürlich! Denn alles, was anders ist als das, was der Kunde kennt oder als das, was Dein Wettbewerber macht, fällt auf. Das ist der eine Pluspunkt – auffallen und so im Gedächtnis bleiben. Der andere Pluspunkt ist der Inhalt. Du solltest Deinen Kunden in Deinem Begleitschreiben noch einmal vor Augen führen, dass Dein Angebot die Wünsche Deines Kunden am besten erfüllt beziehungsweise sein Problem am besten löst. Dies ist selbst in einem Standardschreiben möglich.

EIN ANGEBOT IST

✓ *auf Wunsch des Kunden erstellt*

- d.h. der Kunde hat Interesse

✓ *ist die Entscheidungsgrundlage für Deinen Kunden*

- Preis
- Leistung
- Termin
- Bist Du der richtige Geschäftspartner?
- Passt Ihr zusammen?

✓ *eine schriftliche Zusammenfassung für den Kunden*

- Bedürfnisse und Wünsche des Kunden berücksichtigen

FAZIT:

Versende Deine Angebote künftig immer mit einem Begleitschreiben. Es liefert dem Interessenten die wichtigsten Kaufargumente auf einen Blick. Es sind die Gründe, warum er sich für Dein Angebot entscheiden soll. Das Angebotsbegleitschreiben ist ein Verkaufsgespräch in schriftlicher Kurzform.

DIE REFERENZ - DIE LIEBESERKLÄRUNG DEINER KUNDEN

Was sollte in keinem Angebot fehlen? Und auch in keinem Werbebrief und auf keinem Werbeflyer. Und natürlich auch in keinem Liebesbrief. Es ist die Liebeserklärung – hier die Liebeserklärung Deiner Kunden! Eine Liebeserklärung ist die Aussage Deiner Kunden, dass sie Dich und Deine Produkte oder Leistungen lieben. Oder Dich einfach nur gut finden und mit Dir und dem, was Du machst und wie Du es machst, mehr als zufrieden sind. Dies kann ein Zweizeiler sein, aus dem hervorgeht, warum Du oder Dein Unternehmen empfehlenswert ist.

Und warum gehört nun mindestens 1 Liebeserklärung in das Angebot? Angenommen, Du holst Dir als Kunde ein Angebot ein. Und in dem Angebot steht, dass alle Absprachen eingehalten werden und dass Du einen festen Ansprechpartner über die Projektdauer hast. Glaubst Du dies einfach so oder fragst Du Dich vielleicht, ob das denn wirklich so stimmt? So nach dem Motto: „Papier ist ja geduldig." Kunden sind heute skeptischer, hinterfragen und glauben nicht alles. Du kannst zwar viele tolle Dinge in Dein Angebot hineinschreiben, wenn Dein Kunde Dir dies aber nicht glaubt, dann nützt Dir das gar nichts. Dann ist die Aussage genauso wertlos, als wenn sie gar nicht aufgeführt wäre. Also musst Du es schaffen, dass der Empfänger Deines Angebotes, das was Du schreibst, auch glaubt. Und wie schaffst Du das nun? Mit einem Zeugen. Ein Zeuge ist jemand, der bezeugen kann, dass Du gut bist, weil er sich selbst als Kunde davon schon ein Bild gemacht hat. Du überzeugst Deinen Interessenten mit der Aussage eines Kunden – einer Kundenstimme. Es ist eine glaubwürdige und aussagekräftige Referenz, die sagt, dass Du gut bist. Aber was bedeutet eigentlich das Wort Referenz?

REFERENZ: LATEINISCH REFERRE

- auf etwas zurückführen, sich auf etwas beziehen, berichten.
- Laut Wikipedia bezeichnet eine Referenz, eine von einer Vertrauensperson gegebene qualifizierende Beurteilung.

Manche arbeiten mit anonymen Aussagen von Kunden. Aber wie viel Glauben schenkst Du solchen Aussagen? Denke doch mal an die Aussage eines Klaus B. aus H., der behauptet, er habe in einer Lotterie mit 10 Euro Einsatz 5.000 Euro gewonnen. Glaubst Du dieser Aussage? Ich nicht. Anonyme Referenzen sind ein Widerspruch in sich. Es sind Sätze, die keinen Wert haben, weil Ihnen die Glaubwürdigkeit fehlt.

Wie sollte denn nun eine glaub- und vertrauenswürdige Referenz gestaltet sein? Transparenz, völlige Transparenz, ist einer der wichtigsten Punkte, um eine glaubwürdige Referenz zu gestalten.

Eine gute Referenz besteht aus:

- ✓ *der Aussage des Kunden*
- ✓ *einem guten Foto, eventuell vor oder mit seinem Produkt*
- ✓ *dem kompletten Namen des Kunden*
- ✓ *dem Wohnort bei Privatkunden*
- ✓ *dem Unternehmensnamen*
- ✓ *der Position oder Funktion des Referenzgebers im Unternehmen*
- × *Selbstverständlich* **nicht die Anschrift** *oder gar die Telefonnummer!!*

Mit diesen Angaben schaffst Du die größtmögliche Transparenz und schließt so die Möglichkeit aus, dass man Dir unterstellt, Du hättest Dir diese Stimmen selbst ausgedacht. Denn wenn Du bei Privatkunden einen Namen aus einem Ort angibst, könnte man diesen Kunden vielleicht sogar über das Internet finden.

In jedem Fall könnte ein Interessent Dich fragen, ob Du einen persönlichen Kontakt zu dem Referenzgeber herstellen kannst. Und bei Geschäftskunden ist das referenzgebende Unternehmen mit diesen Angaben sowieso recht schnell zu finden. So erhält die Referenz Ihre notwendige Glaubwürdigkeit beim Leser.

Wie sollte nun so eine Referenz aussehen? Gib Deinem Kunden einen Satz vor und lass diesen von ihm zu Ende bringen. Das können so Formulierungen sein wie:

- ✓ *Frau Zuverlässig kann ich weiterempfehlen, weil …*
- ✓ *Veit Verkäufer würde ich jederzeit empfehlen, weil …*
- ✓ *Das Unternehmen Zuverlässig empfehle ich, weil …*

Denkbar sind noch ein paar Zeilen zum Produkt oder zur Dienstleistung. Warum ist das Produkt empfehlenswert? Was schätzte der Kunde an der Leistung? Und warum empfiehlt er sie weiter? Lass Dir diese Aussage schriftlich geben mit dem Einverständnis, dass Du diese Aussage mit seinem Namen veröffentlichen darfst. Dazu könntest Du eine solche Vorlage benutzen:

Heiko T. Ciesinski
Der Experte für Schriftverkehr

Für mich ist die Durchführung des Projektes/der Bau/die Renovierung/die Lieferung von .... empfehlenswert, weil...

____
____
____
____
____

Frau/Herrn/das Unternehmen Zuverlässig kann ich weiterempfehlen, weil...

____
____
____
____

Name: ______________________________

Firma: ______________________________

Ja, ich bin damit einverstanden, dass Sie meine Eindrücke mit Namen veröffentlichen.

☐ Nein, ich bin nicht damit einverstanden, dass Sie meine Eindrücke mit Namen veröffentlichen.

Ja, ich bin an Informationen mit wertvollen und hilfreichen Informationen mit Mehrwert interessiert. Bitte per E-Mail zusenden an folgende Adresse:

______________ @ ______________. **Bitte keine Werbung.**

______________, ______________
Ort, Datum Unterschrift

Eine andere sehr aussagekräftige Variante ist ein Testimonial Deines Kunden. Dies ist ein Erfahrungsbericht über die Durchführung eines Projektes, über die Zusammenarbeit mit Dir oder über den Einsatz oder die Anwendung eines Produktes. Ein solcher Erfahrungsbericht, meist handschriftlich verfasst, am besten auf einem Briefbogen des Geschäftskunden, hat sehr große Überzeugungskraft. Ein solches Testimonial kannst Du nun Deinem Angebot als Kopie beilegen, um Deinen Interessenten zu überzeugen, dass Du der richtige Geschäftspartner bist. Oder Du nimmst einige Deiner Referenzen und fasst die besten und aussagekräftigsten Aussagen Deiner Kunden auf einem DIN A4-Blatt zusammen und legst dieses Blatt Deinem Angebot bei. Sinnvoll ist es natürlich, wenn die Referenzen zu dem Angebot passen. Wenn Du als Bauunternehmer ein Angebot für den Bau eines Einfamilienhauses abgibst, dann sollte die Referenz ebenfalls von einem Kunden sein, für den Du ein Einfamilienhaus gebaut hast und nicht gerade eine Referenz über den Bau einer Lagerhalle.

Viele zweifeln an dieser Stelle, ob Kunden denn überhaupt bereit sind, Ihren Namen zu veröffentlichen. Ja, selbstverständlich. Aber natürlich nicht alle Kunden. Aber Du musst doch auch nicht von jedem eine Referenz erhalten. Wenn Du eine Hand voll gute bis sehr gute Referenzen hast, reicht das. Du solltest Dich aber nie auf den vorhandenen Referenzen ausruhen, sondern jeden, wirklich jeden Kunden danach fragen. Die nächste Referenz könnte ja noch besser sein.

Referenzen sind die stärksten Verkaufsargumente. Du hebst Dich damit von Deinen Wettbewerbern ab, denn die wenigsten setzen Referenzen vertriebsorientiert ein, weil Sie glauben, sie kommen auch ohne aus. Ein teurer Trugschluss! Wenn Du Kundenstimmen einsetzt wird Deine Erfolgsquote bei den erteilten Aufträgen deutlich nach oben gehen. Zumindest sagen mir dies meine Seminarteilnehmer, nachdem Sie das Erlernte in die Praxis umgesetzt haben. Du wirst ähnliche Erfahrungen machen.

DIE TERMINBESTÄTIGUNG

Die Terminbestätigung hat die Aufgabe, Deinem Gesprächspartner vor einem Termin die wichtigsten Punkte, Gesprächsinhalte und den Nutzen des Gesprächs vor Augen zu führen – und so ein bisschen Neugier und Vorfreude zu wecken. Dadurch, dass Du die Terminbestätigung als Brief verschickst, gibst Du diesem Schreiben ein besonderes Gewicht. Ziel ist, den Termin abzusichern und die Wahrscheinlichkeit zu erhöhen, dass der Termin auch stattfindet - oder zumindest frühzeitig abgesagt wird.

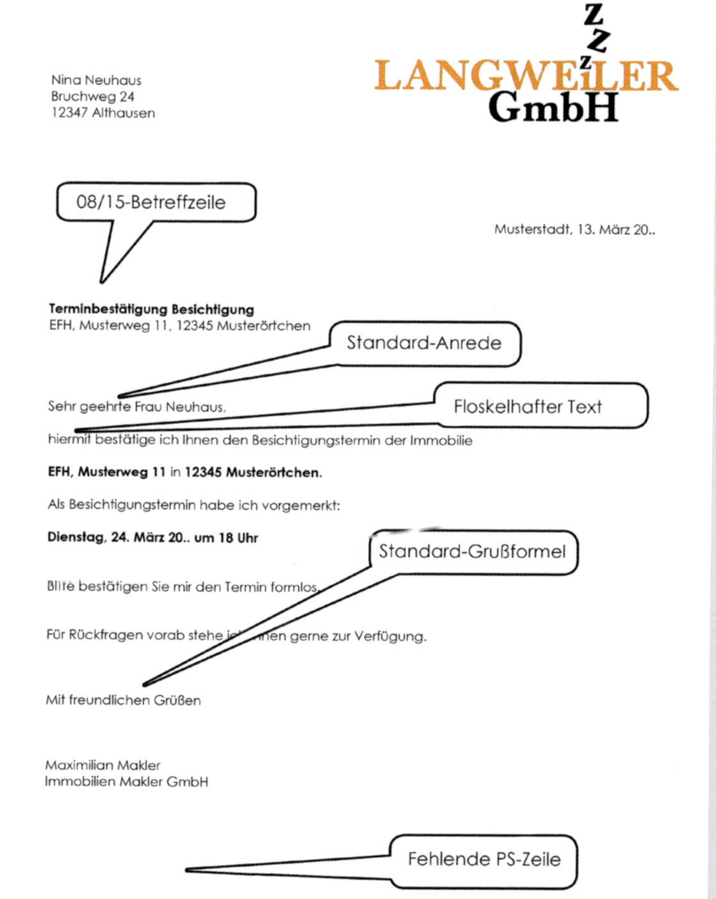

LANGWEiLER GmbH

Nina Neuhaus
Bruchweg 24
12347 Althausen

Musterstadt, 13. März 20..

Terminbestätigung Besichtigung
EFH, Musterweg 11, 12345 Musterörtchen

Sehr geehrte Frau Neuhaus,

hiermit bestätige ich Ihnen den Besichtigungstermin der Immobilie

EFH, Musterweg 11 in **12345 Musterörtchen.**

Als Besichtigungstermin habe ich vorgemerkt:

Dienstag, 24. März 20.. um 18 Uhr

Bitte bestätigen Sie mir den Termin formlos.

Für Rückfragen vorab stehe ich Ihnen gerne zur Verfügung.

Mit freundlichen Grüßen

Maximilian Makler
Immobilien Makler GmbH

Diese kurze Terminbestätigung eines Immobilienmaklers an eine Privatkundin weist viele Floskeln auf und wirkt dadurch langweilig und beliebig austauschbar.

DIE 5 WICHTIGSTEN FEHLER:

1. 08/15-Betreffzeile
2. Standard-Anrede
3. Floskelhafter Text
4. Standard-Grußformel
5. Fehlende PS-Zeile

Im Einzelnen sind dies:

1. 08/15-BETREFFZEILE

Die Betreffzeile bleibt mit der sachlichen Beschreibung „Terminbestätigung Besichtigung" ziemlich nüchtern. Dabei bietet diese Zeile auch gerade für Immobilienmakler die Möglichkeit etwas mehr Pfiff in dieses Schreiben zu bringen, indem man auf den Nutzen für die Kundin eingeht.

Mit „Machen Sie sich ein Bild" oder „Schauen Sie mal rein" bringst Du den Inhalt des Schreibens schon ganz am Anfang auf pfiffige Art auf den Punkt. Diese Formulierung ist anders und hebt sich positiv ab, ohne dass der Makler an Seriosität verlieren würde.

2. STANDARD-ANREDE

Die Standard-Anrede „Sehr geehrte Frau ..." verstärkt den 1. Eindruck und eröffnet den mit weiteren Floskeln gespickten Brief. Mit der üblichen gesprochenen Begrüßung „Guten Tag" könnte man die Distanz an dieser Stelle verringern und den modernen Brief eröffnen.

3. FLOSKELHAFTER TEXT

„Hiermit bestätige ich" ist eine klassische Einstiegsfloskel. Besser wäre es, der Interessentin für das Interesse an der Immobilie oder für das angenehme Telefonat zu danken, welches vermutlich im Vorfeld stattgefunden hat. „Vorgemerkt" klingt auch eher nach Behördendeutsch als nach Kundenorientierung. Da der Kauf einer eigengenutzten Immobilie für die meisten Menschen die Erfüllung eines Lebenstraumes ist, ist die Formulierung „Freuen Sie sich auf die Besichtigung" hier ganz passend. Um der Kundin den Nutzen vor Augen zu führen, wenn sie den Termin einhält, sollten in der Terminbestätigung ein paar Vorteile genannt werden, die sich aus dem Termin ergeben. Dies kann der allgemeine Vorteil der günstigen Zinsen sein, der sich beim Kauf der Immobilie nach dieser Besichtigung ergibt. Oder Du nennst den Vorteil, der sich unmittelbar aus der Besichtigung ergibt: ein Bild von der Immobilie zu bekommen, von der Wohnlage, vom Zuschnitt, von der Aufteilung, einfach einen Eindruck vor Ort zu erhalten.

4. STANDARD-GRUSSFORMEL

Die Standard-Grußformel „Mit freundlichen Grüßen" rundet den eher langweiligen Brief ab. Auch hier bietet sich für den Makler noch einmal die Chance auf den Anlass einzugehen, indem er „Viel Vorfreude" wünscht. Oder er wünscht ganz allgemein einfach nur „Eine schöne Woche" oder sendet „Viele Grüße".

5. FEHLENDE PS-ZEILE

Die PS-Zeile sollte für einen wichtigen Punkt genutzt werden. Dies könnte hier der Hinweis auf einen Anruf sein, wenn der Kundin etwas Wichtiges dazwischenkommt. Wie oft kommt es vor, dass Termine nicht abgesagt werden und einem Vertriebsmitarbeiter dadurch wertvolle Zeit verloren geht? Dies soll mit dieser Formulierung ausgeschlossen werden. Und im Handumdrehen wird so aus einer langweiligen Terminbestätigung durch ein paar kundenorientierte Formulierungen ein richtig ansprechendes Schreiben:

Nina Neuhaus
Bruchweg 24
12347 Althausen

Heiko T. Ciesinski
Der Experte für Schriftverkehr

Musterstadt, 13. März 20..

Machen Sie sich selbst ein Bild!
Musterweg 11, 12345 Musterörtchen

Guten Tag Frau Neuhaus,

vielen Dank für das angenehme Telefonat mit Ihnen.

Sie möchten noch in diesem Jahr die günstigen Zinsen zur Anschaffung Ihrer eigenen 4 Wände nutzen?

Dann freuen Sie sich auf die Besichtigung des Einfamilienhauses im

Musterweg 11 in **12345 Musterörtchen.**

am: **Dienstag, 24. März 20.. um 18 Uhr,**

um sich selbst ein Bild von der Ausstattung und vom Zuschnitt des Hauses zu machen.

Bitte bestätigen Sie mir kurz den Termin - gerne telefonisch oder per E-Mail.

Sie haben vorab Fragen? Dann rufen Sie mich doch bitte an. Sie erreichen mich unter 01234-567890. Ich bin gerne für Sie da!

Viel Vorfreude auf unseren Termin
wünscht Ihnen

Maximilian Makler
Maximilian Makler
Ihr Immobilien-Profi

Ihnen ist etwas Wichtiges dazwischengekommen oder Sie haben kein Interesse mehr an dem Haus? Dann geben Sie mir doch bitte einen kurzen Hinweis. Vielen Dank.

FAZIT:

Die Terminbestätigung bietet die Möglichkeit, den Termin als etwas Besonderes zu verkaufen – Stichwort Lebenstraum Immobilie. Bleibt es beim Standardschreiben mit allgemeinen Formulierungen wie bei vielen anderen Schreiben, so wird die Interessentin diesen Termin als genauso austauschbar ansehen wie das Schreiben. Und vielleicht nicht zum Termin erscheinen und noch nicht einmal vorher absagen. Nutze die Möglichkeiten, die Dir die Terminbestätigung bietet, um den Termin abzusichern, vor allem aber um Dich gegenüber Deinem Wettbewerber abzuheben.

DIE AUFTRAGSBESTÄTIGUNG

Die Auftragsbestätigung dient dazu, die wichtigsten Punkte des Auftrags noch einmal zusammenzufassen, um dem Kunden einen Überblick über die gekauften Produkte oder Leistungen zu geben. Der Kunde soll schnell erfassen können, ob alles korrekt aufgenommen wurde. Da Auftragsbestätigungen eine Auflistung von vielen Positionen und Leistungen sowie Materialien darstellen, machen sie naturgemäß einen sehr sachlichen Eindruck.

Oft ist es nach einer Kaufentscheidung so, dass der Käufer noch keine 100-prozentige Sicherheit hat, ob er die richtige Entscheidung getroffen hat. Zu 90, 95 Prozent oder mehr überwiegt die Sicherheit, aber es bleibt noch eine Rest-Unsicherheit, ob man sich für das richtige Unternehmen entschieden hat. Denn, ob die Entscheidung richtig war, weiß man ja meist erst, wenn die Leistung tatsächlich erbracht wurde. In der Auftragsbestätigung wollen wir dem Kunden nun zusätzlich zu den sachlichen Informationen, die emotionale Sicherheit geben, dass er mit seiner Entscheidung alles richtig gemacht hat. Aber warum das denn?
Der Kunde hat doch unterschrieben und damit rechtsverbindlich gekauft. Das stimmt – aber nicht immer. Wenn es um eine einmalige Leistung wie den Verkauf eines Produktes, zum Beispiel einer Maschine oder die Durchführung einer Dienstleistung geht, stimmt dies. Aber was ist mit kontinuierlichen Beratungsleistungen wie denen einer Steuerberatung? Oder den immer mal wiederkehrenden Reparaturleistungen für eine Maschine? Dabei kann der Kunde grundsätzlich jederzeit den Beratungsvertrag kündigen, solange er vorhandene Kündigungsfristen einhält oder einfach keinen Reparatur- Auftrag mehr erteilen. An dieser Stelle macht die Sicherheit gebende Auftragsbestätigung ganz viel Sinn. Selbst bei einmaligen Leistungen macht sie Sinn, auch wenn der Kunde nicht mehr aus dem Vertrag herauskommt. Denn ein zweifelnder und unsicherer Kunde ist kein guter Kunde und sorgt vielleicht sogar im Laufe der Geschäftspartnerschaft für Ärger.

Dann werfen wir mal einen Blick auf die Auftragsbestätigung einer Steuerberatungsgesellschaft.

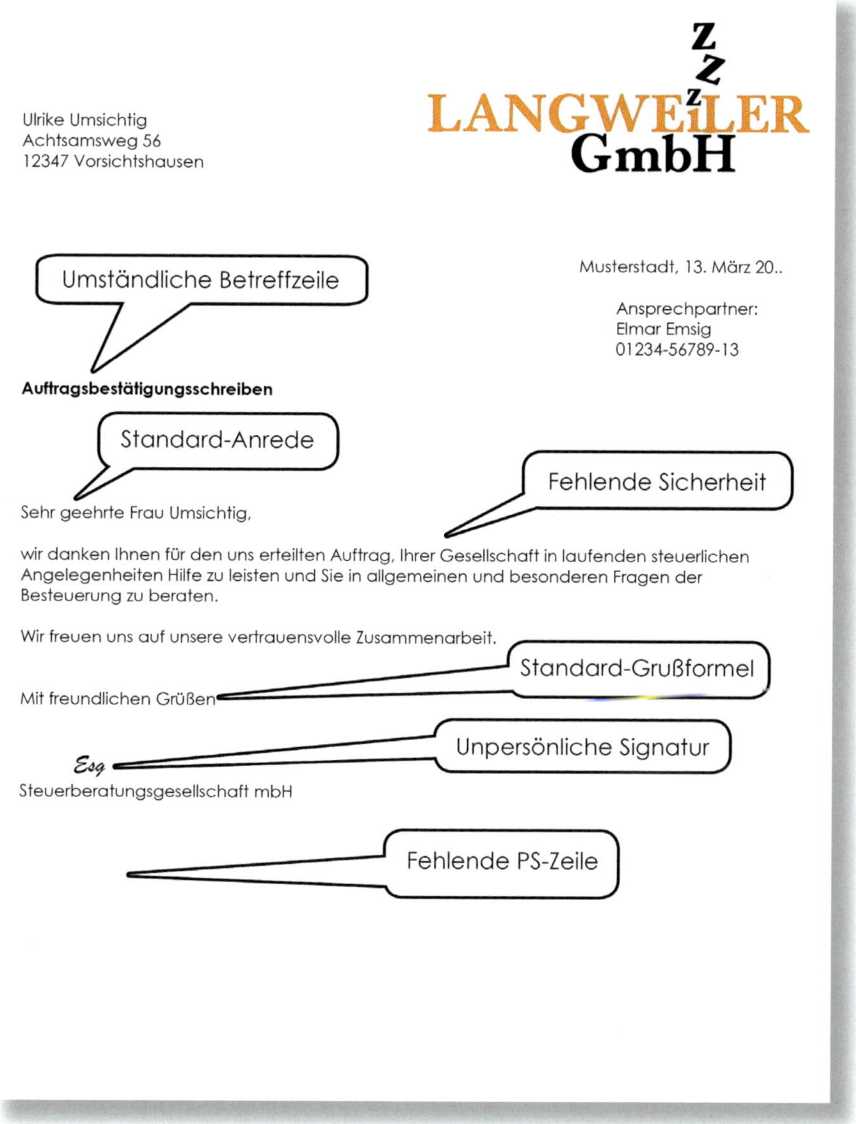

Ulrike Umsichtig
Achtsamsweg 56
12347 Vorsichtshausen

LANGWEILER GmbH

Musterstadt, 13. März 20..

Ansprechpartner:
Elmar Emsig
01234-56789-13

Auftragsbestätigungsschreiben

Sehr geehrte Frau Umsichtig,

wir danken Ihnen für den uns erteilten Auftrag, Ihrer Gesellschaft in laufenden steuerlichen Angelegenheiten Hilfe zu leisten und Sie in allgemeinen und besonderen Fragen der Besteuerung zu beraten.

Wir freuen uns auf unsere vertrauensvolle Zusammenarbeit.

Mit freundlichen Grüßen

Esg
Steuerberatungsgesellschaft mbH

HIER FALLEN 6 FEHLER INS AUGE:

1. Umständliche Betreffzeile
2. Standard-Anrede
3. Fehlende Sicherheit
4. Standard-Grußformel
5. Unpersönliche Signatur
6. Fehlende PS-Zeile

Und nun wieder die Detailbetrachtung:

1. UMSTÄNDLICHE BETREFFZEILE

„Auftragsbestätigungsschreiben" ist ein umständlicher Begriff und klingt noch sachlicher als „Auftragsbestätigung". Ich frage mich, warum die einfache Variante nicht ausreicht, die ja auch nicht wirklich ansprechend ist? Mit einer selbstbewusst formulierten Betreffzeile wie „Gut, dass Sie sich für uns entschieden haben!" setzt der Absender ein verbales Ausrufezeichen und eröffnet eine moderne kundenorientierte Auftragsbestätigung.

2. STANDARD-ANREDE

Die klassische Standard-Anrede passt hier zu der ungelenkigen Betreffzeile und eröffnet den altbackenen Brief im Behördenstil. Mit der Anrede „Guten Tag" präsentiert man sich als modernes Unternehmen.

3. FEHLENDE SICHERHEIT

Dem Kunden wird höflich gedankt, dass die Steuerberatung ihm „Hilfe leisten" darf. Klingt so ein bisschen nach Erster Hilfe. Und sicher sind viele in Sachen Steuern hilfsbedürftig – kundenorientiert klingt es trotzdem nicht. Und dass die Steuerberatung sich auf die künftige Zusammenarbeit freut, ist auch nicht wirklich überraschend, bekommt sie doch auch Geld dafür. Neue Aufträge erfreuen immer!

Der wichtigste Punkt in einer modernen, kunden- und vertriebsorientierten Auftragsbestätigung fehlt. Es sind 1 bis 2 Sätze, die dem neuen Kunden die Sicherheit und das gute Gefühl geben, mit seiner Entscheidung alles richtig gemacht zu haben

4. STANDARD-GRUSSFORMEL

Die Grußformel könnte man auf den Beginn der Geschäftsbeziehung abstimmen und den Wunsch nach einer guten Zusammenarbeit äußern oder bei einem Unternehmen „Gute Geschäfte“ wünschen. Jede andere Grußformel wie „Beste Grüße“ oder „Herzliche Grüße“ geht natürlich ebenfalls.

5. UNPERSÖNLICHE SIGNATUR

Die Signatur mit einer nicht leserlichen Unterschrift wirkt unpersönlich. Der Leser kann vermuten, dass der oben im Briefkopf genannte Ansprechpartner ihm schreibt. Persönlicher und kundenorientiert wäre es, den Name des Unterzeichnenden in Klarschrift darunter zu schreiben. Stattdessen steht die komplette, eher sperrige und unpersönlich wirkende Firmierung der Steuerberatungsgesellschaft in der Signatur. Dies wirkt sachlich, steif und erinnert an den Behördenstil. Und dabei ist es so einfach: Unterschreiben – am besten mit Vor- und Zunamen – den Namen in Klarschrift darunter und eine aufwertende Kompetenz ausstrahlende Formulierung wie „Ihr Steuer-Experte“ – fertig ist die vertriebsorientierte Signatur!

6. FEHLENDE PS-ZEILE

Wie in den meisten Briefen und E-Mails fehlt auch hier die PS-Zeile. Denkbar wäre ein Hinweis auf regelmäßige nutzenstiftende Informationen rund um das Thema Steuern. Ein Newsletter zum Thema Steuertipps – auch wenn Du diesen anders nennen solltest. Der Begriff „Newsletter“ ist negativ geprägt, positiver klingt Mandanten-Brief oder Steuertipp.

Dann könnte die vertriebsorientierte Auftragsbestätigung so aussehen:

Heiko T. Ciesinski
Der Experte für Schriftverkehr

Ulrike Umsichtig
Achtsamsweg 56
12347 Vorsichtshausen

Musterstadt, 13. März 20..

Ansprechpartner:
Elmar Emsig
01234-56789-13

Gut, dass Sie sich für uns entschieden haben!

Guten Tag Frau Umsichtig,

vielen Dank, dass Sie sich für uns entschieden haben! Eine gute Entscheidung!

Wenn es für Ihr Unternehmen in laufenden steuerlichen sowie in allgemeinen und besonderen Fragen rund um das Thema Steuern geht, sind wir der richtige Partner an Ihrer Seite. Das gegenseitige Vertrauen ist für uns einer der wichtigsten Punkte für eine gute Zusammenarbeit.

Freuen Sie sich auf viele Tipps rund um das Thema Steuern und auf eine vertrauensvolle Zusammenarbeit.

Gute Geschäfte & auf gute Zusammenarbeit!

Elmar Emsig
Elmar Emsig
Ihr Steuer-Experte

Übrigens, Sie erhalten regelmäßig interessante Steuertipps auch per E-Mail. Melden Sie sich dazu auf unserer Internetseite www.umsatzexplosion.eu an

FAZIT:

Die Auftragsbestätigung bietet die Möglichkeit, dem Kunden zu zeigen, dass seine Entscheidung die richtige war und ist. Sie hebt 1 bis 3 wichtige Punkte hervor, die dem Kunden noch einmal ein gutes Gefühl geben. Und sie gibt Dir noch einmal die Gelegenheit, Dich gegenüber Deinem Wettbewerber abzuheben.

DIE RECHNUNG

Die Rechnung ist eine Zahlungsaufforderung und wird in aller Regel erstellt, nachdem die Leistung erbracht wurde. An dieser Stelle höre ich oft, warum man sich denn Gedanken über eine kundenorientierte Rechnung machen sollte, der Kunde hat doch schon gekauft. Wie die Rechnung aussieht ist doch egal, bezahlen muss der Kunde doch sowieso. Das stimmt! Getreu dem Motto „Der erste Eindruck ist entscheidend, der letzte bleibt!“ solltest Du mit der Rechnung bei Deinem Kunden ein Ausrufezeichen setzen und einen bleibenden Eindruck hinterlassen. Dies wird mit einem Rechnungstext wie diesem allerdings nicht gelingen:

Z
Z
Z
LANGWEILER
GmbH

Lutz Lichterloh
Geschäftsführer
Elektro-Lichterloh GmbH
Glühwürmchenweg 13
12345 Leuchthausen

Abrechnung Reinigungsleistungen
Re-Nr: 1234567

Sehr geehrter Herr Lichterloh,

wir bedanken uns herzlich für den erteilten Auftrag und berechnen die ausgeführten Reinigungsleistungen wie folgt:

Der Einstiegssatz ist ein langweiliger Klassiker und wird so oder so ähnlich von vielen Unternehmen genutzt – egal, in welcher Branche.

Streng genommen ist es gar nicht die Rechnung, die Du kundenorientiert und anders schreiben sollst, sondern es ist das Begleitschreiben zur Rechnung – analog zum Angebotsbegleitschreiben. Denn auch bei der Rechnung hast Du – je nach Branche und Unternehmensgröße - wenig bis keine Möglichkeiten, Einfluss auf die Rechnung zu nehmen.

3 Gründe sprechen dafür, sich beim Begleitschreiben etwas mehr Mühe zu geben:

1. Dein Kunde behält Dich in positiver Erinnerung. Dies ist umso wichtiger, wenn Du künftig selten bis gar keinen Kontakt mehr zu Deinem Kunden haben wirst. Ein Haus oder ein neues Dach kauft Dein Kunde wahrscheinlich nur 1 Mal im Leben. Selbst einen Drucker kauft man nicht jedes Jahr. Auch die Reparatur einer Maschine kommt nicht regelmäßig vor. Trotzdem sollte Dein Kunde Dich gut in Erinnerung behalten, denn vielleicht möchtest Du ja irgendwann mal von ihm weiterempfohlen werden. Oder er soll sich eben im Fall des erneuten Bedarfs an Dich erinnern.

2. Zum anderen rundet die kundenorientierte Rechnung das positive Gesamtbild von Dir ab. Stell Dir vor, Dein Kunde bekommt Dein Angebot mit einem Begleitschreiben, was sich positiv von denen Deiner Wettbewerber abhebt und die weitere Korrespondenz ist ebenfalls erfrischend anders und dann erhält Dein Kunde eine langweilige 08/15-Rechnung. Das ist nicht schlüssig und nicht authentisch! Und nicht glaubwürdig!

3. Der 3. Grund – vielleicht der wichtigste - ist ein ganz praktischer. Bei einer Rechnung wird Dein Kunde sich abschließend noch einmal fragen, ob alles in Ordnung war und Du Dein Geld wert bist und er letztlich unterm Strich die richtige Entscheidung getroffen hat. Damit Dein Kunde hier auch zum richtigen Schluss kommt, zeigst Du ihm in der Rechnung beziehungsweise im Rechnungsbegleitschreiben noch einmal auf, was Du für ihn getan hast. Du erwähnst den Nutzen, der sich für den Kunden aus Deiner Leistung oder Deinem Produkt ergibt. Das, warum Dein Kunde Dich beauftragt oder bei Dir gekauft hat.

Es geht bei dem Begleitschreiben nicht um Romane – 1 bis 2 Sätze reichen völlig aus. Bei kurzen Rechnungen kannst Du diese beiden Sätze sogar in die Rechnung einbauen, so wie bei der Rechnung dieses Immobilienmaklers.

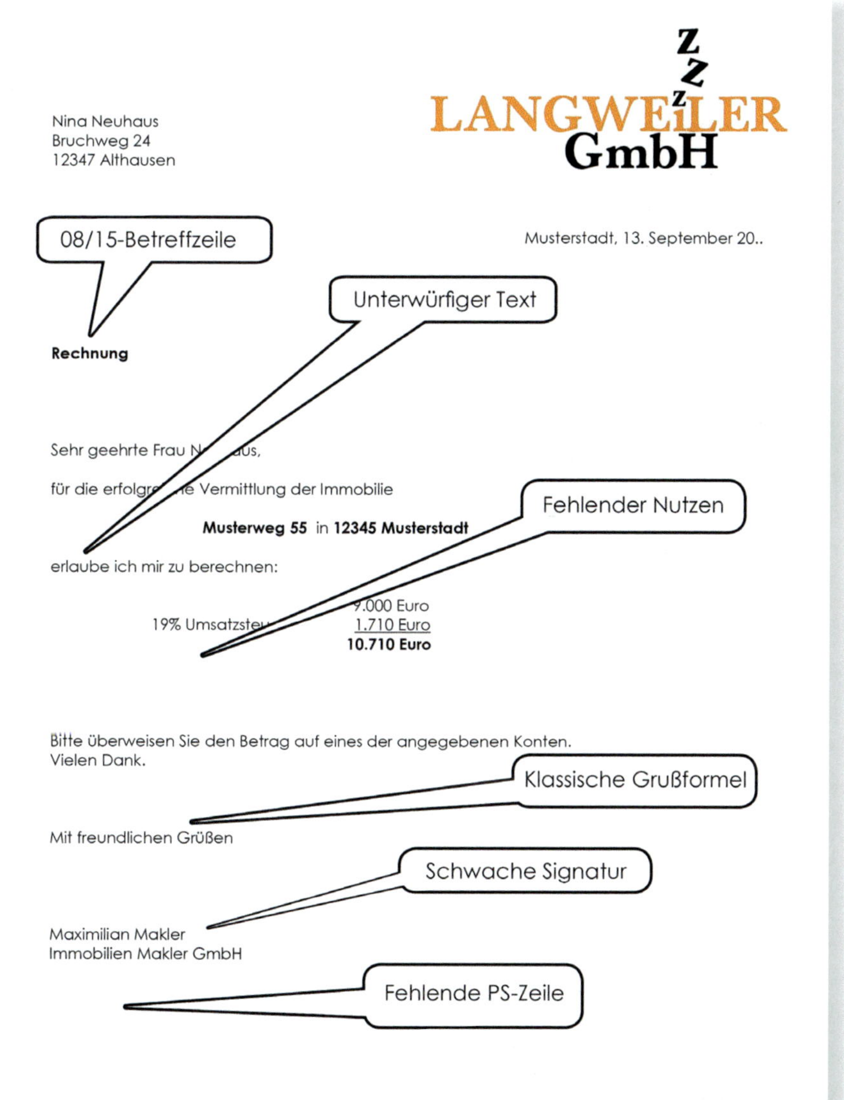

Nina Neuhaus
Bruchweg 24
12347 Althausen

Musterstadt, 13. September 20..

Rechnung

Sehr geehrte Frau Neuhaus,

für die erfolgreiche Vermittlung der Immobilie

Musterweg 55 in **12345 Musterstadt**

erlaube ich mir zu berechnen:

	9.000 Euro
19% Umsatzsteuer	1.710 Euro
	10.710 Euro

Bitte überweisen Sie den Betrag auf eines der angegebenen Konten.
Vielen Dank.

Mit freundlichen Grüßen

Maximilian Makler
Immobilien Makler GmbH

HIER FALLEN 6 FEHLER INS AUGE:

1. 08/15-Betreffzeile
2. Unterwürfiger Text
3. Fehlender Nutzen
4. Klassische Grußformel
5. Schwache Signatur
6. Fehlende PS-Zeile

Schauen wir uns die Fehler nun wieder im Detail an:

1. 08/15-BETREFFZEILE

Die Betreffzeile „Rechnung" liegt natürlich nahe. Gerade weil es sich um eine Mischung aus Rechnung und Anschreiben handelt, könnte man hier mit einer pfiffigen Betreffzeile punkten. Weil es sich für die Kundin um nichts Geringeres als die Erfüllung eines Lebenstraumes handelt, wäre doch die Betreffzeile „Herzlichen Glückwunsch" durchaus angemessen.

Vor dem Hintergrund, dass die Suche einer Immobilie meist etwas länger dauert, ist auch eine Betreffzeile wie „Es ist vollbracht!" oder „Was lange währt, wird endlich gut" denkbar. Oder „Sie können die Umzugskartons packen", um die Aufbruchstimmung zu signalisieren. Alles besser als einfach nur „Rechnung", weil emotionaler und auf die Kundin abgestimmt. Noch mehr Emotionalität kannst Du an dieser Stelle sehr gut mit einem Bild hereinbringen. Entweder nimmst Du das Bild der erworbenen Immobilie – individueller geht's nicht – oder Du nimmst das Bild zweier anstoßender Sektgläser. Punkten wirst Du mit beiden Bildern!

Entgegen der weit verbreiteten Annahme ist der Begriff „Rechnung" nicht zwingend vorgeschrieben. Allerdings würde ich den Begriff in die 2. Zeile der Betreffzeile schreiben – so wird es offensichtlich, dass es sich um eine Rechnung handelt.

2. UNTERWÜRFIGER TEXT

Die Formulierung „Erlaube ich mir zu berechnen" klingt unterwürfig und hat in einer Rechnung nichts zu suchen. Es klingt ein wenig so, als wollte man sich entschuldigen, dass man dem Kunden eine Rechnung schickt. Dafür gibt es selbstverständlich überhaupt keinen Grund. Wenn die vereinbarte Leistung erbracht wurde, dann ist die Rechnung die logische Folge – das weiß auch der Kunde. Hier sind so Formulierungen wie „erhalten Sie die Rechnung“ oder „Bitte überweisen Sie den Rechnungsbetrag“ geeignete Formulierungen.

3. FEHLENDER NUTZEN

Während die Formulierung „für die erfolgreiche Vermittlung der Immobilie“ den Makler in den Mittelpunkt stellt, gilt es den für den Kunden erzielten Nutzen herauszustellen. Dies ist, dass die Kundin nun stolze Eigentümerin eines Einfamilienhauses, ja vielleicht sogar Ihres Traumhauses ist. „Einfamilienhaus“ und „Traumhaus“ als bildhafte Ausdrücke klingen an dieser Stelle viel emotionaler als der bildferne Begriff „Immobilie“. Der allgemeine Begriff „Immobilie“ hat zwar den Vorteil, dass er neben dem Einfamilienhaus auch weitere Immobilien umfasst, gleichzeitig kennzeichnet der Begriff diese Rechnung damit auch als Standard-Serien-Rechnung, die für unterschiedliche Immobilien benutzt wird. Mit dem Hinweis, dass der Möbelwagen nun bestellt werden kann, machst Du Deiner Kundin mit einem sehr anschaulichen Bild Lust auf die Aufbruchstimmung, die üblicherweise bei Kunden nach einem Hauskauf aufkommt. Neues Haus, neuer Lebensabschnitt!

4. KLASSISCHE GRUSSFORMEL

Die klassischen „Freundlichen Grüße“ verschenken hier eine Menge Potenzial, um Sympathie auszustrahlen, auf der Beziehungsebene zu punkten, sich vom Wettbewerb abzuheben und das positive Gesamtbild abzurunden und komplett zu machen. Was liegt hier näher als der Kundin – Stichwort Lebenstraum Immobilie – „Viel Freude mit dem neuen Haus“ oder einen „Reibungslosen Umzug“ zu wünschen?

5. SCHWACHE SIGNATUR

Statt die langweilige Firmierung unter den Namen zu schreiben, solltest Du ruhig noch mal Deine Kompetenz als „Immobilien-Profi“ oder „Experte für exklusive Immobilien“ herausstellen. Auch dies wird dem Kunden noch einmal das gute Gefühl geben, alles richtig gemacht zu haben. Selbstverständlich sollte diese Rechnung auch persönlich unterschrieben sein, zumal sie eine Kombination aus Rechnung und Begleitschreiben ist.

6. FEHLENDE PS-ZEILE

Die PS-Zeile gehört in jeden guten Werbebrief. Und da eine Rechnung im weitesten Sinne ja auch Werbung für Deine gute Leistung sein soll, solltest Du auf die PS-Zeile nicht verzichten. Außerdem ist die Rechnung möglicherweise für lange Zeit, vielleicht auch für immer, der letzte Kontakt zu Deinem Kunden. Da solltest Du diese Zeile vertriebsorientiert für Dich nutzen. Du könntest Deinen Kunden für das Thema Empfehlungen sensibilisieren, indem Du ihn fragst, ob er Dich weiterempfehlen würde. Nur aufgrund dieser Zeile solltest Du allerdings keine Empfehlungen erwarten. Du musst Deinen Kunden hier später noch mal persönlich darauf ansprechen, wenn Du es nicht schon gemacht hast. Diese Frage in der PS-Zeile soll den Kunden nur schon mal darauf vorbereiten, damit er nachher nicht zu sehr überrascht ist. Oder sie soll ihn noch mal daran erinnern, wenn Du Deinen Kunden bereits darauf angesprochen hast. Genauso denkbar wäre, hier einen Hinweis auf ein Bewertungsportal oder ganz allgemein auf eine Bewertung durch den Kunden zu geben.

Dann könnte das kundenorientierte Anschreiben mit integrierter Rechnung so aussehen wie auf der rechten Seite.

Passend zu den abgebildeten Sektgläsern, könntest Du dieses Begleitschreiben und die Rechnung mit einer Flasche Sekt oder noch besser Champagner oder einem sehr guten Wein übergeben. Das hochwertige Getränk steht als Sinnbild für Deine hochwertige Leistung. Der Nachteil: Die Flasche wird irgendwann mal geleert und Dein Geschenk gerät in Vergessenheit. Mit einer

Nina Neuhaus
Bruchweg 24
12347 Althausen

Heiko T. Ciesinski
Der Experte für Schriftverkehr

Musterstadt, 13. März 20..

Herzlichen Glückwunsch!
Rechnung

Guten Tag Frau Neuhaus,

herzlichen Glückwunsch!

Sie können den Möbelwagen bestellen und Ihren Gestaltungsideen freien Lauf lassen. Sie sind nun stolze Besitzerin Ihres Traumhauses.

Für die erfolgreiche Vermittlung Ihres Einfamilienhauses

Ruhepunkt 55 in **Lieblingsort**

erhalten Sie diese Rechnung:

	9.000 Euro
19% Umsatzsteuer	1.710 Euro
	10.710 Euro

Bitte überweisen Sie den Betrag auf eines der angegebenen Konten.
Vielen Dank.

Viel Freude mit und in Ihrem neuen Haus
wünscht Ihnen

Maximilian Makler
Maximilian Makler
Ihr Immobilienprofi

Ach ja, würden Sie uns weiterempfehlen?

Luftaufnahme oder einer Collage aus mehreren Bildern der vermittelten Immobilie in einem Fotorahmen schenkst Du Deinem Kunden etwas von bleibendem Wert. Wenn er dieses Bild in seinem neuen Haus aufhängt, dann wird er jeden Tag an Dich erinnert. Und seine Gäste werden fragen, von wem er denn dieses schöne Bild hat. Was kann es Besseres geben?

Ein weiteres unterirdisch schlechtes Beispiel findest Du hier:

Stefan Sorgfalt
Sicherer Weg 12
12345 Musterstadt

Zzz
LANGWEILER
GmbH

Rechnung: RG 01234 **Vorgang: VG-1234567 / B5678**

Sehr geehrter Herr Kunde,

aufgrund der erbrachten Leistungen berechnen wir Ihnen laut Werk-/Lieferungsvertrag vom 5.6.2018:

Das Rechnungsdatum entspricht dem Leistungszeitraum

Pos.	Anz.	Bezeichnung	E.-Preis	G.-Preis
1	1 Stück	Türgriff	229,00 EUR	229,00 EUR
2	1 Stück	Montagekosten	92,00 EUR	92,00 EUR
3	1 Stück	An- und Abfahrt	25,00 EUR	25,00 EUR

Summe Netto	**346,00 EUR**
Mehrwertsteuer 19%	65,74 EUR
Summe Brutto	**411,74 EUR**

****Zahlungsbedingungen:** Handwerkerrechnungen sind zahlbar nach erfolgter Montage ohne Abzug bis zum 19.6.2018!****

Wir bitten um Verständnis, wenn wir bei Zahlungsüberschreitungen bankübliche Zinsen berechnen müssen.

Hinweis:
Bei Überschreitung des vereinbarten Zahlungsziels befinden Sie sich automatisch im Zahlungsverzug. Daher erhalten Sie nach Ablauf der o.g. Zahlungsfrist eine Mahnung.

Beachten Sie bitte:
Rückwirkend ab 1.1.2009 können Besitzer von selbstgenutzten Wohnungen oder Häusern Handwerker-Lohnkosten steuerlich geltend machen. Die max. Steuervergünstigung beträgt 20% des Lohnkostenanteils einschl. MwSt. bis zur Lohnkostensumme von 6.000 Euro.

Der Lohnanteil unserer Leistung beträgt:
Lohnsumme 92,00 € zzgl. 19% MwSt (17,48 €) = 109,48 €

Wenn Sie den Lohnanteil steuerlich geltend machen möchten, muss die Rechnung per Banküberweisung bezahlt werden.

Wir sind verpflichtet Sie darauf hinzuweisen, dass Sie diese Rechnung, sowie den Zahlungsbeleg, zwei Jahre aufbewahren müssen.

Mit freundlichem Gruß

Tür & Fenster GmbH & Co. KG

BIC ABCDEFGH
IBAN DE56 56778923648494
Umsatzsteuer-ID-Nr:

Dies ist die Rechnung für die Reparatur eines Terrassentürgriffs nach einem Einbruch. Besonders negativ stechen die Hinweise unterhalb des eigentlichen Rechnungstextes heraus, die eine halbe Seite einnehmen – und damit genauso viel wie der eigentliche Rechnungstext. Hier eine Sternchen-Anmerkung, dort ein Hinweis und die Bitte um Beachtung machen diese Rechnung zu allem, aber sicher nicht zu einem kundenorientierten Schreiben. Die beiden Hinweise, dass der Kunde bei Überschreiten des Zahlungszieles im Zahlungsverzug ist und direkt eine Mahnung mit banküblichen Zinsen erhält, sind einfach nur frech. Dies grenzt fast schon an eine Unterstellung, diese Rechnung nicht bezahlen zu wollen. Diese Formulierungen können ersatzlos gestrichen werden. Mit einer pfiffigen Betreffzeile sowie einem darauf aufbauenden Einstiegssatz, die beide einen Bezug zum Einbruch haben, wird die Rechnung im Handumdrehen zu einem kundenorientierten Hingucker.

Das vertriebsorientierte Unternehmen wird den Kunden auch in der Rechnung noch einmal auf weitere Einbruchsicherungen ansprechen. Dies kann durch einen Satz unter der Rechnungstabelle sein oder in der PS-Zeile. Mit dem Wunsch nach einer sicheren Zeit wählst Du ebenfalls eine individuelle Formulierung, die Bezug zum Einbruch nimmt. Und die Kompetenzzeile mit dem Hinweis auf den „Fachmann für Türen & Fenster“ unter dem Namen rundet diese kundenorientierte Rechnung ab.

Heiko T. Ciesinski
Der Experte für Schriftverkehr

Stefan Sorgfalt
Sicherer Weg 12
12345 Musterstadt

Ihre Terrassentür ist wieder sicher …
Rechnung: RG01234

Guten Tag Herr Sorgfalt,

… und Sie können nun hoffentlich wieder ganz beruhigt schlafen.
Bitte überweisen Sie für die durchgeführten Reparaturarbeiten Ihres Einbruchschadens bis zum 19.6.2018:

Pos.	Anz.	Bezeichnung	E.-Preis	G.-Preis
1	1 Stück	Türgriff	229,00 EUR	229,00 EUR
2	1 Stück	Montagekosten	92,00 EUR	92,00 EUR
3	1 Stück	An- und Abfahrt	25,00 EUR	25,00 EUR
Summe Netto				**346,00 EUR**
Mehrwertsteuer 19%				65,74 EUR
Summe Brutto				**411,74 EUR**

Holen Sie sich 20% unserer Lohnsumme (92,00 € zzgl. 19% MwSt (17,48 €) = 109,48 €) vom Finanzamt wieder! Dazu **überweisen** Sie bitte den Rechnungsbetrag.

Lassen Sie uns kurzfristig über die angesprochenen Einbruchsicherungen reden, sodass Sie künftig **immer** vor ungebetenen Gästen sicher sind.

Eine sichere Zeit
wünscht Ihnen

Klaus Müller
Klaus Müller
Ihr Fachmann für Türen & Fenster

Ach ja, wenn Sie noch in dieser Woche einen Termin für die weiteren Einbruchsicherungen vereinbaren, dann erhalten Sie eine Überraschung im Wert von 100 Euro pro 1.000 Euro Auftragssumme. Neugierig?

Dann werfen wir nun einen Blick auf das separate Rechnungsbegleitschreiben. Dieses kannst Du einsetzen, wenn die Rechnung so umfangreich ist, dass gar kein Platz für ein paar kundenorientierte Zeilen ist. Oder wenn Dein Rechnungsprogramm keine Möglichkeit bietet, die Rechnung anders zu gestalten. Dann kannst Du ganz einfach in Deinem Schreibprogramm ein separates Anschreiben erstellen. Schauen wir uns einmal das folgende Rechnungsbegleitschreiben für eine Fassadensanierung an.

Heiko T. Ciesinski
Der Experte für Schriftverkehr

Stefan Sorgfalt
Sicherer Weg 12
12345 Musterstadt

Ihre Nachbarn werden große Augen machen

Guten Tag Herr Sorgfalt,

Ihr Haus strahlt in völlig neuem Glanz.

Nicht nur die Optik hat sich geändert, Sie werden auch bei Ihrer Heizungsrechnung enorme Ersparnisse feststellen. Also: Alles richtig gemacht!

Sie hatten ja bereits bei der Abnahme erwähnt, dass Sie mit unserer Arbeit sehr zufrieden sind. Und Sie sagten, dass Ihr Nachbar auch über eine energetische Sanierung nachdenkt. Konnten Sie schon mit ihm sprechen? Wann dürfen wir bei ihm anfangen?

Wie zufrieden waren Sie mit unseren Arbeiten? So zufrieden, dass Sie uns mit ein paar positiven Zeilen weiterempfehlen würden?
Dann gehen Sie doch bitte auf das Bewertungsportal www.toller-Handwerker.de/Fassadenbau und formulieren ein paar Zeilen. Vielen Dank schon mal vorab.

Viel Freude beim Blick auf Ihre neue Fassade
wünschen Ihnen

Frank Farbig *Rudi Reinlich*
Frank Farbig Rudi Reinlich

Ihr Team vor Ort

Und für jede Empfehlung an Familie, Freunde und Nachbarn spenden wir 10 Euro an den Kindergarten „Biene Maja & Willi“

Allein die Betreffzeile ist ein Hingucker und stellt die Besonderheit der Arbeiten heraus. Dieser Gedanke wird im 1. Satz gleich noch einmal aufgenommen. Im nächsten Satz wird dann auf den Nutzen der ersparten Heizkosten hingewiesen. Dieser Punkt ist selbstverständlich genauso gut für die Betreffzeile geeignet. Im folgenden Absatz wird dann ein Punkt aus dem Abnahmegespräch erwähnt. Offensichtlich wurde dort besprochen, dass der Kunde das Unternehmen an seinen Nachbarn weiterempfehlen möchte. Dieser Gesprächspunkt ist ein perfekter Aufhänger für das Begleitschreiben, um den Kunden daran noch einmal zu erinnern. Gleiches gilt für den Hinweis auf die Beurteilung auf einem der vielen Bewertungsportale, wenn Du ein solches Portal aktiv nutzt. Eine Grußformel, die noch einmal die Freude über die neue Fassade betont sowie der Hinweis auf eine kleine Spende als Dankeschön für eine Empfehlung runden den positiven Eindruck dieser Rechnung ab. Eine schöne Variante ist es, wenn alle Mitarbeiter, die an der Erstellung eines Produktes oder der Durchführung einer Leistung beteiligt waren, auf der Rechnung unterschreiben. Dies dokumentiert den Team-Gedanken eines Unternehmens.

Die Vorher-Nachher-Fotos machen dieses Begleitschreiben und somit auch die Rechnung zu einem sehr individuellen und persönlichen Schreiben, welches sich von den üblichen Rechnungen extrem abhebt. Mit einer so gestalteten und formulierten Rechnung bleibst Du im Gedächtnis Deines Kunden. Eine solche Rechnung vergisst er nicht!

Selbstverständlich ist ein solches Rechnungsbegleitschreiben genauso für Geschäftskunden geeignet. Denn auch der Unternehmer, der die Fassade seines Firmengebäudes sanieren lässt, möchte eine schöne Fassade, die die Blicke der anderen auf sich zieht. Das Thema Energiesparen dürfte ein genauso wichtiger Punkt für ihn sein wie für Privatkunden. Genauso könnte das Thema Weiterempfehlung im Abnahmegespräch erwähnt worden sein. Eine positive Bewertung auf einem Bewertungsportal kann der Geschäftskunde genauso abgeben wie der Privatkunde. Also Du siehst, es gibt kaum Unterschiede, ob Du die Rechnung an Privat- oder Geschäftskunden verschickst.

Die Motive, warum Dein Kunde Dir einen Auftrag gibt oder etwas bei Dir kauft, sind meist die gleichen.

Genauso wie bei einem Steuerberater, dessen Rechnungen meist staubtrocken daherkommen. Dabei ist es für Steuerberater so einfach, den Nutzen seiner Kunden oder Mandanten herauszustellen. Wer hat schon Lust oder Zeit seine Steuererklärung zu machen? Gleichzeitig möchte doch jeder auch Steuern sparen. Dies gilt für Privatkunden gleichermaßen wie für Geschäftskunden.

Heiko T. Ciesinski
Der Experte für Schriftverkehr

Steffi Steuer
Zum Finanzamt 55
12345 Amtshausen

Sie haben eine Menge Zeit und Nerven gespart
HONORARRECHNUNG

Guten Tag Frau Steuer,

vielen Dank, dass wir Ihnen die lästige Arbeit der Steuererklärung abnehmen durften. Die eingesparte Zeit konnten Sie sicher besser nutzen. Und Sie haben noch ein paar hundert Euro an Steuern gespart, die Sie demnächst zurückbekommen.

Etwas wollen wir davon auch abbekommen. Bitte überweisen Sie den folgenden Betrag:

Einkommensteuererklärung	pauschal	€	100,00
Überschussermittlung aus Gewerbebetrieb 20..		€	2.350,00
Gesamtbetrag in €		€	2.450,00
	19 % Umsatzsteuer	€	465,50
zu zahlender Betrag		**€**	**2.915.50**

Wenn Sie Fragen haben, egal ob zu dieser Rechnung, zum Steuerbescheid, den Sie demnächst erhalten oder zu steuerlichen Dingen, dann rufen Sie uns an. Wir sind gerne für Sie da!

Ihr Steuerspar-Team

Karl-Heinz Fiskus

Wussten Sie schon, dass Sie jeden Monat einen lesens- und geldwerten Steuertipp in unserem Mandanten-Brief erhalten? Gehen Sie dazu einfach auf unsere Internetseite .....

FAZIT:

Das Begleitschreiben zur Rechnung bietet die Möglichkeit einen positiven Abschluss für den durchgeführten Auftrag zu setzen. Mit ein paar Zeilen, die den Nutzen noch einmal herausstellen, den Du Deinem Kunden gebracht hast, bleibst Du positiv im Gedächtnis. Verstärken kannst Du dies noch mit einem kleinen Geschenk. So könntest Du Deinem Kunden eine Tafel Merci-Schokolade dazulegen. Unsere Kunden bekommen die Rechnung in einem kleinen Päckchen mit 2 Dosen Prosecco als prickelndes Dankeschön.

Unsere Rechnungen – mit 2 Dosen Prosecco – kannst Du auch bekommen. 😉

DIE MAHNUNG

Wenn der Kunde seine modern und kundenorientiert formulierte Rechnung wider Erwarten nicht bezahlt, dann erhält er als nächstes eine Mahnung. Die Mahnung ist ein Schreiben, um einen Kunden an seine Zahlungspflicht einer offenen Rechnung zu erinnern. Da sich Mahnung etwas hart anhört, benutzen viele auch den Begriff Zahlungserinnerung oder einfach nur Erinnerung. Klingt etwas netter, aber auch nicht wirklich kundenorientiert. Auf die rechtlichen Dinge will ich an

dieser Stelle nicht eingehen, nur so viel: Der Begriff „Mahnung“ oder „Zahlungserinnerung“ muss nicht in dem Schreiben stehen, um rechtliche Vorgaben einzuhalten. Das wiederum bedeutet, dass man den Begriff „Mahnung“ aus der Betreffzeile weglassen kann und das Schreiben insgesamt auch etwas netter und freundlicher schreiben kann. Eine Mahnung freundlich schreiben, warum denn das? Der Kunde soll gefälligst zahlen.
Stimmt, er soll zahlen, aber er soll auch noch mal bei Dir kaufen, richtig? Deshalb macht es Sinn, freundlich zu bleiben - und trotzdem bestimmt und verbindlich.

Was ist denn der häufigste Grund, warum eine Rechnung nicht bezahlt wird?

Es ist Vergesslichkeit. Na klar, gibt es auch absichtliches Nichtzahlen und auch Nichtzahlenkönnen aufgrund Geldmangels, aber das sind sicher nicht die häufigsten Gründe. Wenn der Kunde „nur“ vergessen hat, seine Rechnung zu bezahlen, könnte man ihn dann nicht einfach freundlich und mit einem Augenzwinkern daran erinnern? So nach dem Motto: „Das kann doch jedem mal passieren.“

Die folgende Mahnung ist ein Standardschreiben, welches so oder so ähnlich zigfach an Kunden verschickt wird:

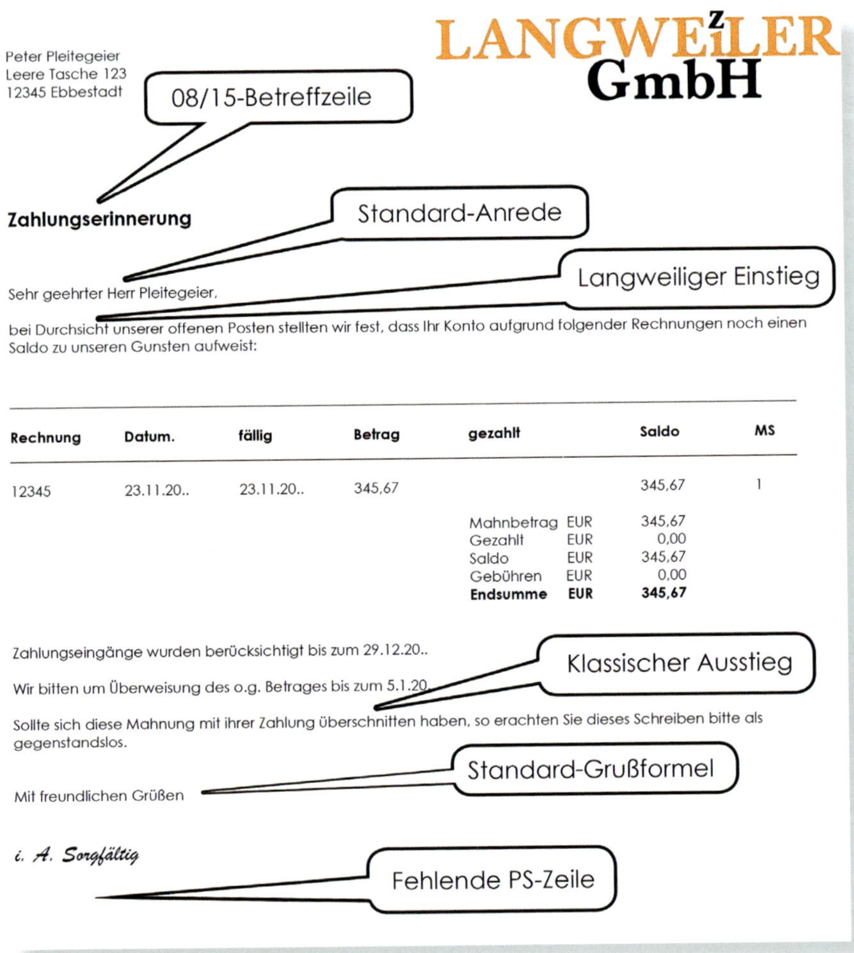

LANGWEzILER GmbH

Peter Pleitegeier
Leere Tasche 123
12345 Ebbestadt

Zahlungserinnerung

Sehr geehrter Herr Pleitegeier,

bei Durchsicht unserer offenen Posten stellten wir fest, dass Ihr Konto aufgrund folgender Rechnungen noch einen Saldo zu unseren Gunsten aufweist:

Rechnung	Datum.	fällig	Betrag	gezahlt	Saldo	MS
12345	23.11.20..	23.11.20..	345,67		345,67	1

Mahnbetrag	EUR	345,67
Gezahlt	EUR	0,00
Saldo	EUR	345,67
Gebühren	EUR	0,00
Endsumme	**EUR**	**345,67**

Zahlungseingänge wurden berücksichtigt bis zum 29.12.20..

Wir bitten um Überweisung des o.g. Betrages bis zum 5.1.20..

Sollte sich diese Mahnung mit ihrer Zahlung überschnitten haben, so erachten Sie dieses Schreiben bitte als gegenstandslos.

Mit freundlichen Grüßen

i. A. Sorgfältig

Neben dem Augenzwinkern fehlt hier auch alles, was ein kundenorientiertes Schreiben ausmacht. Schauen wir mal etwas näher hin.

HIER FALLEN 5 FEHLER INS AUGE:

1. 08/15-Betreffzeile
2. Standard-Anrede & Standard-Grußformel
3. Langweiliger Einstieg
4. Klassischer Ausstieg
5. Fehlende PS-Zeile

Schauen wir uns die Fehler nun wieder im Detail an:

1. 08/15-BETREFFZEILE

Ob Mahnung oder Zahlungserinnerung – beide Begriffe klingen nicht wirklich positiv und sind somit von der Kundenorientierung meilenweit entfernt. Bei der mit einem Augenzwinkern geschriebenen Erinnerung geht es darum, den Kunden freundlich und auf humorvolle Art darauf hinzuweisen, dass die Rechnung noch nicht bezahlt ist. Gleichzeitig soll dem Kunden signalisiert werden, dass dies jedem mal passieren kann und es kein Weltuntergang sei. Ein so formuliertes Schreiben kommt viel positiver beim Kunden an als ein sachlich formuliertes Schreiben. Der Kunde wird den offenen Rechnungsbetrag umgehend überweisen – so nach dem Motto: „Wer eine solch humorvolle Erinnerung verschickt, der muss auch durch eine schnelle Zahlung belohnt werden." Woher ich das weiß? Von meinen Seminarteilnehmern, die mir bestätigen, dass sie genauso handeln beziehungsweise handeln würden. Und natürlich auch von mir. Denn auch ich vergesse schon mal die eine oder andere Rechnung.

Die Betreffzeile bietet so viele Möglichkeiten ein wenig Pfiff hineinzubringen. Hier mal ein paar Vorschläge:

- ✓ *Wir vermissen etwas*
- ✓ *Das kann ja mal passieren*
- ✓ *Schön, dass Sie uns beauftragt haben*
- ✓ *War alles in Ordnung?*
- ✓ *Begeistern Sie Ihre neuen Möbel so sehr?*
- ✓ *Ups ...*

Wenn der Kunde an dieser Stelle schmunzeln muss, dann hast Du schon gewonnen.

2. STANDARD-ANREDE & STANDARD-GRUSSFORMEL

Zur Standard-Anrede und zur Standard-Grußformel wurde nun schon genug geschrieben. Sie haben in der augenzwinkernden und humorvoll geschriebenen Variante nun wirklich nichts zu suchen.

3. LANGWEILIGER EINSTIEG

Der Einstieg mit einem substantivierten Verb wie „nach Durchsicht" ist langweiliger Standard. Hier bietet es sich an, die pfiffige Betreffzeile im Einstiegssatz aufzunehmen und miteinander zu verbinden. Dann könnte die Botschaft im Einstieg lauten, dass es jedem mal passieren kann, eine Rechnung zu übersehen. Oder die Begeisterung über den neuen Fußboden dient quasi als Entschuldigung, dass man darüber schon mal die Rechnung vergessen kann. Oder die Hektik des Alltags mit Anrufen, E-Mails und WhatsApp-Nachrichten hat den Kunden einfach von der Überweisung abgehalten. Alles nicht so schlimm – wenn der Kunde jetzt überweist.

4. KLASSISCHER AUSSTIEG

Der Hinweis auf die bereits bezahlte Rechnung, die sich dann wohl mit der Mahnung überschnitten hat, ist ein ebenfalls mehr als langweiliger Klassiker. Wie sich Mahnung und Überweisung, die 2 völlig unterschiedliche Wege nehmen, überschneiden sollen, bleibt wohl ein Geheimnis des Absenders. Ebenso wie der Leser das vor sich liegende Schreiben als gegenstandslos betrachten soll. Hier kommt wieder die wichtigste Regel der Korrespondenz zum Zuge. Wie würdest Du es Deinem Kunden sagen, wenn er vor Dir stünde? Vielleicht würdest Du den Hinweis geben, dass er das Schreiben einfach ins Altpapier geben soll, wenn er die Rechnung bereits überwiesen hat.

5. FEHLENDE PS-ZEILE

Eine PS-Zeile bei der Mahnung? Ist das nicht ein bisschen übertrieben? Der Kunde soll zahlen. Hier geht´s doch jetzt nicht um Werbung! Wirklich nicht?

Wenn man sich vorstellt, dass es Privatkunden gibt, die sich in Grund und Boden schämen, wenn sie nur ein paar Tage zu spät überwiesen haben. Diese Kunden haben möglicherweise solch ein schlechtes Gewissen, dass sie sich gar nicht mehr trauen, erneut bei diesem Unternehmen einzukaufen. Dies wäre doch fatal für das Unternehmen. Deshalb kannst Du Deinem Kunden in der PS-Zeile den Hinweis geben, dass er weiterhin gern bei Dir gesehen ist und sich demnächst mal das neue Sortiment anschauen soll.

Mit diesen wenigen Änderungen könnte die Zahlungserinnerung dann so aussehen:

Heiko T. Ciesinski
Der Experte für Schriftverkehr

Peter Pleitegeier
Leere Tasche 123
12345 Ebbestadt

Musterstadt, 27. Oktober 20..

Wer kennt das nicht?

Guten Tag Herr Pleitegeier,

es gibt so viele Dinge im Alltag, die man sofort erledigen will. Ein Anruf hier, eine E-Mail dort und dann noch eine WhatsApp-Nachricht - und am Ende hat man's dann doch vergessen! Wer kennt diese Situation nicht? Und manchmal ist man dann für einen kleinen freundlichen Hinweis dankbar. Hier ist unser Hinweis.

Vielleicht haben Sie es ja einfach nur übersehen, unsere Rechnung zu bezahlen.

Rechnung	Datum.	fällig	Betrag	gezahlt	Saldo	MS
12345	23.11.20..	23.11.20..	95,02		95,02	1

Dann überweisen Sie doch bitte gleich den offenen Betrag - spätestens **bis zum 23. November**. Und wenn Sie bereits überwiesen haben, dann werfen Sie dieses Schreiben doch einfach ins Altpapier.

Vielen Dank!

Mit besten Grüßen

Steffi Sorgfältig
Steffi Sorgfältig
Die gute Seele im Büro

Ach ja, kennen Sie schon unser umfangreiches Sortiment an Handtüchern, Bade- und Saunatüchern? Schauen Sie doch einfach mal wieder vorbei.

Die folgende Zahlungserinnerung stammt von meiner Seminarteilnehmerin Kerstin Kammann, *www.die-copiloten.com*. Der Inhalt und die Idee sprechen für sich.

Heiko T. Ciesinski
Der Experte für Schriftverkehr

Herr
Bert Bezahltnich
Mahnweg 17
12345 Geldstadt

Geldstadt, 23. November 20..

Ein guter Rotwein wird mit der Zeit immer besser…

Guten Tag Herr Bezahltnich,

bei unseren Rechnungen tritt das oben genannte Phänomen leider nicht ein, deshalb erinnern wir Sie heute gerne daran, dass unsere Forderung vom 27. Oktober 20.. von 567,- Euro noch nicht auf unserem Geschäftskonto eingetroffen ist.

Bitte überweisen Sie den Betrag bis zum 6. Dezember 20… Mögliche Verzugszinsen werden bei Zahlung bis zu diesem Tag für Sie nicht fällig.

Nutzen Sie diese Ersparnis gerne für den eingangs beschriebenen guten Tropfen.

Auf Ihr Wohl…

Ihre COPILOTIN Kerstin Kammann

DIE COPILOTEN®
MARKETING · WERBUNG · KOORDINATION

FAZIT:

Die Mahnung bietet Dir die Möglichkeit, Dich von den meist sachlich-nüchternen Mahnschreiben, die üblicherweise verschickt werden, wohltuend abzuheben. Voraussetzung ist, dass Du diese Erinnerung humorvoll mit einem

Augenzwinkern formulierst. Ja selbst die 2. Erinnerung und auch der letzte Zahlungshinweis können bestimmt und doch freundlich geschrieben werden. Schau mal …

Heiko T. Ciesinski

Der Experte für Schriftverkehr

Herr
Bert Bezahltnich
Mahnweg 17
12345 Geldstadt

Geldstadt, 27. Oktober 20..

Bitte melden Sie sich!

Guten Tag Herr Bezahltnich,

Sie wissen, dass wir alles getan haben, um Sie als unseren Kunden zufrieden zu stellen. Umso überraschter und enttäuschter sind wir, dass wir auf unsere ersten beiden Zahlungserinnerungen keine Antwort von Ihnen bekommen haben. Wenigstens eine kurze Antwort hätten wir als Zeichen Ihres guten Willens erwartet.

Wir können uns nicht erklären, warum Sie sich nicht bei uns melden. Haben Sie vielleicht selber offene Forderungen, die bei Ihnen zu einem Engpass geführt haben? Dann lassen Sie uns darüber reden. Wir finden sicher eine Lösung. Sollten Sie sich nicht melden, werden wir die Sache an unseren Rechtsanwalt übergeben. Ersparen Sie sich und uns diesen unangenehmen Vorgang, der mit weiteren Kosten für Sie verbunden ist.

Bitte überweisen Sie den offenen Betrag bis zum …

Oder melden Sie sich bei uns!

Mit noch freundlichen Grüßen

Frauke Freundlich
Frauke Freundlich

Bitte melden Sie sich!

Möchtest Du mehr als 17 weitere pfiffige und ungewöhnliche Mahntexte? Dann gehe auf die Internetseite *www.pfiffige-mahnungen.de* und lade Dir die Texte herunter. Selbstverständlich kostenlos!

DIE ANTWORT AUF EINE REKLAMATION ODER BESCHWERDE

In der besten Beziehung geht mal etwas schief – auch in Kundenbeziehungen. Wenn Dein Kunde dann auf Dich zukommt und Dir sagt, was nicht nach seinen Wünschen lief, dann solltest Du dankbar sein, dass er sich bei Dir meldet. Denn die Tatsache, dass Dein Kunde sich meldet, ist ein Zeichen dafür, dass er weiter bei Dir Kunde bleiben möchte. Wenn er wechseln wollte, würde er mit seiner Beschwerde gar nicht erst auf Dich zukommen. Reklamierende oder sich beschwerende Kunden geben Dir so die Möglichkeit, Missstände aufzudecken und abzustellen.

Bevor Du eine Reklamation oder Beschwerde Deines Kunden schriftlich beantwortest, solltest Du vorher immer erst anrufen. Immer! Dies vermeidet Missverständnisse, die den Ärger Deines Kunden im schlimmsten Fall potenzieren. Anschließend fasst Du dann die Gesprächsergebnisse noch einmal zusammen. So hat der Kunde alles noch einmal schwarz auf weiß.

Die Botschaft Deiner Antwort auf eine Reklamation oder Beschwerde lautet:

VIELEN DANK FÜR IHREN HINWEIS. WIR VERSTEHEN IHREN ÄRGER UND KÜMMERN UNS DARUM. UND WIR LERNEN DARAUS.

Folgende Regeln solltest Du beachten:

1. DEM KUNDEN DANKEN

Als Erstes solltest Du Deinem Kunden danken, dass er sich an Dich gewandt hat. Durch seinen Hinweis kannst Du Schwachstellen in Deinem Unternehmen erkennen und abstellen. Und dafür hat der Kunde ein Dankeschön verdient.

2. VERSTÄNDNIS ÄUSSERN

Zeige Verständnis für den Ärger Deines Kunden. Dies ist kein Schuldeingeständnis, sondern einfach nur ein Zeichen, dass Du Dich in die Situation Deines Kunden hineinversetzen kannst. Der Kunde möchte mit seinem Anliegen ernst genommen werden, ansonsten ist er weg – und dann wahrscheinlich für immer.

3. FEHLER ZUGEBEN

Wenn Du einen Fehler gemacht hast, dann gib diesen zu. Fehler zu machen ist nicht schlimm, sie vertuschen zu wollen dagegen schon. Entschuldige Dich bei Deinem Kunden für den Fehler – dies nimmt die Brisanz aus einer Situation.

4. DIPLOMATISCH SEIN

Sollte der Fehler beim Kunden liegen, dann sei diplomatisch. Schreibe, dass Du den Hinweis des Kunden geprüft hast und zu einem anderen Ergebnis kommst. Schreibe nicht, dass der Kunde Unrecht hat oder es sein Fehler ist. Auch wenn es so ist, kommt diese Formulierung nicht so gut an. Genauso wie Hinweise auf Paragraphen oder die Allgemeinen Geschäftsbedingungen.

5. ZUSAMMENFASSUNG DES SACHVERHALTS

Damit der Kunde sieht, dass Du ihn verstanden hast, fasse den Sachverhalt mit eigenen Worten noch einmal zusammen. Dies sollte einigermaßen objektiv sein – ohne Wertungen oder Spekulationen.

6. PERSÖNLICH UND INDIVIDUELL FORMULIEREN

Auch wenn es aufwändiger ist und etwas mehr Zeit kostet, formuliere eine individuelle Antwort auf das Anliegen Deines Kunden. Im besten Fall kommst Du ohne Textbausteine aus. Damit die Antwort persönlich wirkt, solltest Du im Laufe des Antwortschreibens noch einmal den Namen des Kunden nennen.

7. KONKRETER INDIVIDUELLER LÖSUNGSVORSCHLAG

Biete Deinem Kunden eine konkrete und individuelle Lösung an. Sei großzügig und biete mehr als der Kunde erwartet, denn Standardlösungen sind nicht dazu geeignet, unzufriedene oder verärgerte Kunden zu begeistern. Dein Kunde hat Zeit und Energie investiert, um Dir einen Hinweis zu geben, da solltest Du ihm eine großzügige Lösung anbieten. Gib mehr als Du musst. Es geht nicht so sehr um den Wert dessen, was Du gibst – es geht vielmehr um die Geste und den guten Willen.

8. POSITIV FORMULIEREN

Benutze Begriffe wie Hinweis, Anregung, Anmerkung, Angelegenheit oder Frage statt der negativ geprägten Begriffe Reklamation, Beschwerde oder Kritik.
Sag Deinem Kunden, was geht, statt zu schreiben, was nicht geht. Also „Wir liefern schon in der nächsten Woche“ statt „Wir können in dieser Woche nicht mehr liefern.“

9. SCHREIBE ÜBER DEN KUNDENHINWEIS

Stelle den Hinweis des Kunden in den Mittelpunkt statt über Deine hohe Qualität und Deine Kompetenz zu schreiben. Dies würde eher nach Entschuldigung und Rechtfertigung klingen, statt den Kunden ernst zu nehmen und Verständnis zu zeigen. Es stellt Dich und Dein Unternehmen in den Mittelpunkt, statt den Kunden.

10. DROHUNGEN UND UNVERSCHÄMTHEITEN DES KUNDEN „ÜBERLESEN“

Sollte Dein Kunde Dir drohen, allen Menschen über das Internet zu sagen, welch einen schlechten Service Du bietest, dann überlies dies. Solche „Hinweise“ dienen in aller Regel nur dazu, für eine schnelle Antwort zu sorgen. Wenn Du Dich mit der Drohung in Deiner Antwort auseinandersetzt oder vielleicht sogar ebenfalls drohst, verschlimmerst Du die Situation meist und der Kunde macht seine Ankündigung möglicherweise sogar wahr.

11. BETROFFENE MITARBEITER UNTERSCHREIBEN

Signalisiere Deinem Kunden Offenheit und Transparenz und lass alle Mitarbeiter unterschreiben, die sich mit dem Anliegen des Kunden beschäftigt haben. Dazu gehören auch die Geschäftsführung und Abteilungsleiter.

12. VERSPRECHEN EINHALTEN

Versprich Deinem Kunden nur das, was Du auch einhalten kannst. Und halte alles ein, was Du ihm versprichst. Ansonsten wirkst Du unglaubwürdig, verspielst Vertrauen und verärgerst Deinen Kunden nur noch mehr. Und verlierst ihn für immer.

13. FASSE NACH

Nach ein paar Wochen solltest Du Deinen Kunden noch einmal anschreiben. Du solltest ihn informieren, dass Du seinem Hinweis nachgegangen bist und aufgrund dessen ein Problem lösen, eine Situation verbessern oder Abläufe optimieren konntest. Du solltest Deinen Kunden fragen, ob der von ihm bemängelte geschilderte Sachverhalt nun behoben ist. Dies gibt dem Kunden das Gefühl, dass Dir an einer nachhaltigen Problemlösung gelegen ist. Und dass der Kunde bei der Lösung mitgeholfen hat. Der Zeitraum des Nachfassens hängt davon ab, wann die Situation tatsächlich optimiert ist. Dies können durchaus 4 oder 8 Wochen sein. Mit diesem Nachfass-Schreiben oder einem Anruf kannst Du Deinem Kunden ein zusätzliches Kaufangebot machen – Stichwort Up-Selling, Cross-Selling oder Aktionsangebot.

Sollte es einmal so sein, dass Du etwas mehr Zeit für die Klärung des Kundenanliegens benötigst oder Du den Kunden nicht direkt telefonisch erreichst, dann schickst Du ihm erst mal eine Eingangsbestätigung. Darin dankst Du ihm für seinen Hinweis und schreibst, dass Du ein paar Tage für die Klärung seines Anliegens benötigst und Dich bis zum soundsovielten meldest.

EIN BEISPIEL

Bei dem folgenden Schreiben handelt es sich um eine Antwort einer Tankstellenkette auf eine Reklamation. Der Kunde erhielt bei jedem Tankvorgang einen Stempel in einen Sammelpass. Ein komplett ausgefüllter Sammelpass konnte gegen eine Power Bank, also ein transportables Stromladegerät, eingetauscht werden. Beim Eintausch innerhalb der Einlösefrist waren die Ladegeräte jedoch nicht mehr vorrätig. Der Kunde wurde auf einen Termin ein paar Tage später verwiesen. Aufgrund hoher Nachfrage oder zu geringer Bestellmenge waren die Geräte wieder nicht verfügbar. Dem Kunden wurde gesagt, dass diese Tankstelle auch keine Geräte mehr bekäme. Es gäbe keine Ladegeräte mehr. Der Kunde wandte sich nun an die Zentrale der Tankstellenkette mit der Bitte ihm ein Ladegerät zuzusenden.

Dies wurde auch getan mit dem folgenden Begleitschreiben als Antwort:

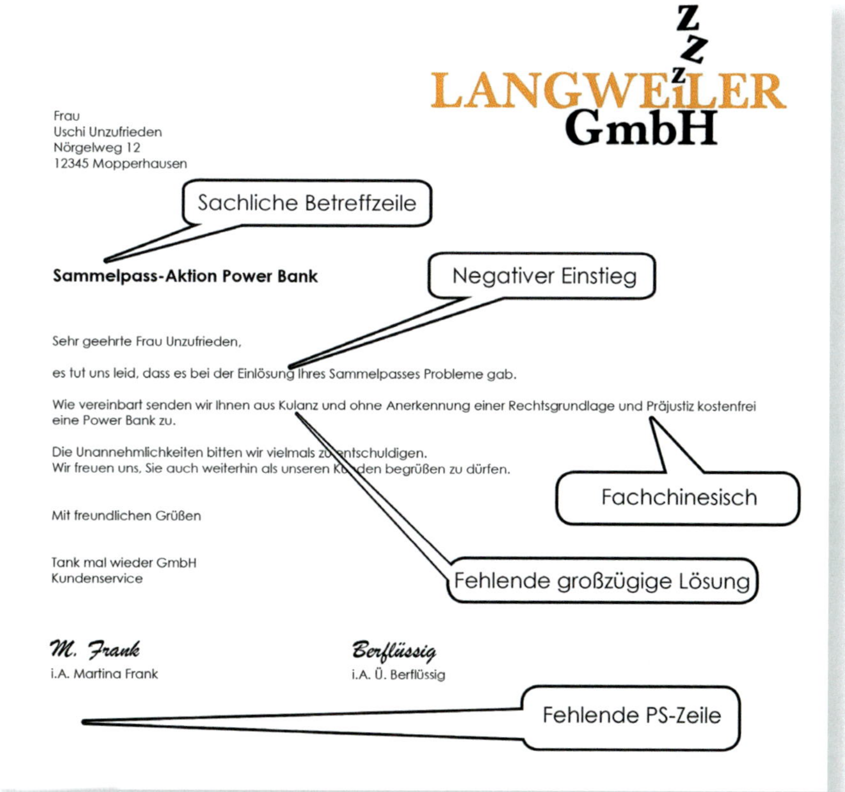
LANGWEILER GmbH

Frau
Uschi Unzufrieden
Nörgelweg 12
12345 Mopperhausen

Sammelpass-Aktion Power Bank

Sehr geehrte Frau Unzufrieden,

es tut uns leid, dass es bei der Einlösung Ihres Sammelpasses Probleme gab.

Wie vereinbart senden wir Ihnen aus Kulanz und ohne Anerkennung einer Rechtsgrundlage und Präjustiz kostenfrei eine Power Bank zu.

Die Unannehmlichkeiten bitten wir vielmals zu entschuldigen.
Wir freuen uns, Sie auch weiterhin als unseren Kunden begrüßen zu dürfen.

Mit freundlichen Grüßen

Tank mal wieder GmbH
Kundenservice

M. Frank *Berflüssig*
i.A. Martina Frank i.A. Ü. Berflüssig

HIER FALLEN WIEDER 5 FEHLER INS AUGE:

1. Sachliche Betreffzeile
2. Negativer Einstieg
3. Fachchinesisch
4. Fehlende großzügige Lösung
5. Fehlende PS-Zeile

Schauen wir uns die Fehler nun wieder im Detail an:

1. SACHLICHE BETREFFZEILE

Der Kunde, der mehrmals vertröstet wurde und vergebens in die Tankstelle kam, um das Ladegerät abzuholen, wird mit einer viel zu nüchternen und sachlichen Betreffzeile empfangen. Hier fehlen das Einfühlungsvermögen und das Gespür für die Situation des Kunden - und für die richtigen Worte. Der Fehler – eine schlechte Lieferplanung – liegt offensichtlich beim Unternehmen. Hier wäre eine Entschuldigung angemessen. Mit einer Betreffzeile wie „Das hätte nicht passieren dürfen!“ oder „Das war nicht gut geplant!“ oder „Entschuldigen Sie unseren Fehler!“ würde das Unternehmen gleich zu Anfang eine Menge Brisanz aus dem Schreiben nehmen.

2. NEGATIVER EINSTIEG

Der Einstieg mit dem Vorreiter „Es tut uns leid“ ist wenig überzeugend. Ob es dem Unternehmen oder der schreibenden Mitarbeiterin wirklich leidtut, darf bezweifelt werden. Und würde mich bei einem 5 Euro-Artikel auch ein wenig wundern. Statt den Fehler einzugestehen wird von „Problemen“ bei der Einlösung gesprochen. Es wird die Situation objektiv beschrieben statt Verantwortung zu übernehmen. Diese Formulierung wäre passend, wenn der Fehler beim Kunden liegen würde. Der Begriff „Problem“ ist negativ besetzt und sollte ersetzt werden durch „dass die Einlösung nicht wie gewünscht geklappt hat.“ Viel besser wäre es, den Fehler einzugestehen und zu schreiben: „Dies hätte nicht passieren dürfen. Wir hätten einfach besser planen müssen.“

3. FACHCHINESISCH

Den folgenden Satz hätte die Absenderin besser komplett weggelassen: „Wie vereinbart senden wir Ihnen aus Kulanz und ohne Anerkennung einer Rechtsgrundlage und Präjustiz kostenfrei eine Power Bank zu.“ Dieser Satz ist nicht nur überflüssig, er macht dieses Schreiben erst richtig schlimm im Sinne der fehlenden Kundenorientierung. Worin besteht denn die Kulanz bei einem Artikel, der innerhalb der ausgeschriebenen Frist nicht verfügbar ist? Möglicherweise gibt es einen Passus in den Allgemeinen Geschäftsbedingungen, auf den das Unternehmen sich beziehen kann – kundenorientiert ist ein Hinweis auf Paragraphen allerdings nie. Als wäre der Hinweis auf die Kulanz noch nicht ausreichend, bemerkt man noch mal eben an, dass man mit dem Zusenden keine Rechtsgrundlage anerkennt. Dann wird noch ein Fachbegriff benutzt, der für die meisten Nicht-Juristen vermutlich völlig unverständlich und noch dazu falsch geschrieben ist. Es muss Präjudiz statt Präjustiz heißen, was die Sache allerdings auch nicht verständlicher macht. Ohne Präjudiz bedeutet, dass das Unternehmen sich das Recht vorbehält bei ähnlichen Sachverhalten durchaus anders zu entscheiden. Das Unternehmen will sich offensichtlich nicht festlegen. Ziemlich viel Fachchinesisch für einen nicht verfügbaren Werbeartikel im Wert von wenigen Euro – wofür der Kunde allerdings nichts kann. Nachdem man den Nicht-Juristen bis hierhin vermutlich sehr verwirrt hat, kommt nun so etwas wie eine Entschuldigung, die aber nicht wirklich überzeugend wirkt. Nun wird der Ton wieder freundlicher mit dem Hinweis, dass man sich freut, wenn der Kunde weiterhin Kunde bleibt. Dass das Unternehmen sich darüber freut, ist ja verständlich ...

4. FEHLENDE GROSSZÜGIGE LÖSUNG

Vor dem Hintergrund, dass der Kunde keinen Fehler gemacht hat und mehrere Male vergebens zur Tankstelle gefahren ist und damit seine Zeit vergeudet hat, wäre hier eine großzügige Lösung angesagt gewesen. Ohne viel Umschweife den Fehler zugeben – auch wenn das Unternehmen über die Allgemeinen Geschäftsbedingungen im Recht sein mag. Zusätzlich für die aufgewendete Zeit ein kleines Trostpflaster geben und die Stimmung des Kunden wäre gedreht. Ein Trostpflaster ersetzt meist nicht die tatsächlich aufgewendete Zeit des Kunden, es ist mehr eine symbolische Geste. Angemessen ist hier ein Einkaufsgutschein im Wert von 10 Euro.

5. FEHLENDE PS-ZEILE

In der PS-Zeile könnte man noch einmal einen Hinweis auf den 10-Euro-Gutschein geben, der im besten Fall unbegrenzt gültig ist. Mit einem Bild eines 10 Euro-Scheines versehen, wird dieser Hinweis im wahrsten Sinne des Wortes zum Hingucker.

Heiko T. Ciesinski
Der Experte für Schriftverkehr

Frau
Uschi Unzufrieden
Nörgelweg 12
12345 Mopperhausen

Das hätte nicht passieren dürfen!

Guten Tag Frau Unzufrieden,

vielen Dank für Ihren Hinweis, dass Sie an Ihrer Tankstelle keine Power Bank mehr erhalten haben, obwohl die Einlösefrist noch nicht abgelaufen war. Dies hätte nicht passieren dürfen. Es war unser Fehler! Dafür sagen wir ‚Entschuldigung'.

Danke, dass Sie auf uns zu gekommen sind, denn nur so haben wir die Möglichkeit, dies für die Zukunft besser zu machen. Sollte Ihnen auch in der Zukunft etwas auffallen, so teilen Sie uns dies gerne mit. Unser Ziel ist es, Ihnen jeden Tag den bestmöglichen Service zu bieten.

Selbstverständlich erhalten Sie heute Ihre Power Bank. Und für Ihren Aufwand und Ihren verständlichen Ärger eine kleine Entschädigung in Form eines Tankgutscheins über 10 Euro. Vielleicht hilft dieser Gutschein, dass Sie demnächst wieder gerne bei uns Kunde sind!?

Und nun viel Spaß mit Ihrer Power Bank
wünscht Ihnen
das Team vom Kundenservice

Martina Frank | *Ulrich Ü. Berflüssig*
Martina Frank | Ulrich Ü. Berflüssig

Übrigens ist dieser Gutschein  unbegrenzt gültig! Lösen Sie ihn einfach, wenn es für Sie passt.

FAZIT:

Die Antwort auf eine Reklamation oder Beschwerde bietet Dir die Möglichkeit, aus einem unzufriedenen Kunden einen zufriedenen, ja sogar einen begeisterten Kunden zu machen. Versetze Dich in die Situation Deines Kunden, wende die beschriebenen Regeln an und Du wirst Deinen Kunden dauerhaft an Dich binden. Kunden, die nach einer Reklamation oder Beschwerde wieder zufrieden gestellt werden, weisen eine extrem hohe Kundenbindung auf.

KAPITEL 10

FAZIT

Es ist relativ einfach aus einem langweiligen Standardschreiben – egal, ob Brief oder E-Mail – ein pfiffiges und modernes Schreiben zu machen. Mit ein paar wenigen Formulierungen und Gestaltungselementen, die einfach nur anders sind als das, was der Kunde so kennt, machst Du im Handumdrehen einen Hingucker. Du fällst damit auf und bleibst im Gedächtnis Deines Lesers. Du gewinnst die Sympathien und das Vertrauen Deines Interessenten und machst so aus einem gelangweilten Leser einen begeisterten Kunden. Alles, was Du dazu brauchst, hast Du mit diesem Buch erhalten.

Nur eins, das muss von Dir kommen: Dein Wille, jetzt tatsächlich etwas ändern zu wollen. Nimm Dir im 1. Schritt nur 1 Sache vor. Viele scheitern daran, dass Sie zu viel auf einmal wollen – und dann passiert wenig bis gar nichts. Nimm Dir 1 Sache vor, setze sie um, sieh den Erfolg und ziehe daraus die Motivation für weitere Veränderungen. Fang am besten jetzt gleich damit an! Heute!

Mach so aus Deinen Standardschreiben wahre Liebesbriefe und Liebes-E-Mails an Deine Kunden. Dein Kunde wird diese Wertschätzung zurückgeben, indem er das tut, was Du möchtest: Angebote annehmen, Aufträge erteilen, Unterlagen zusenden und Rechnungen bezahlen.

Und wenn Du jetzt Lust bekommen hast, mal wieder einen richtigen Liebesbrief zu erhalten, dann geh doch mit gutem Beispiel voran. Schreib doch selbst mal wieder einen Liebesbrief an Deine Partnerin oder Deinen Partner und sei sicher, da kommt etwas zurück. Tu es doch einfach mal wieder. Am besten jetzt gleich.

Viel Erfolg & viel Spaß bei der Umsetzung der Inhalte wünscht Dir

STICHWORTVERZEICHNIS

A

B

D

E

F

G

H

I

K

L

M

N

P

W

Z

DER AUTOR

Die Presse nennt ihn „Guru der Formulierkunst". Heiko T. Ciesinski, Jahrgang 1969, ist Experte für Kommunikation und Vertrieb. Seit über 25 Jahren sind dies seine Themen.

Nach dem Studium war er im Vertrieb des Marktführers für Budgetierungssoftware, anschließend als Verkaufstrainer in einer der größten Sparkassen Nordrhein-Westfalens sowie als Vertriebscoach in einem großen genossenschaftlichen Versicherungskonzern. 2002 machte er sich als Kommunikations- und Verkaufstrainer selbständig. Zu seinen Kunden gehören Unternehmen unterschiedlichster Branchen und Größen, Berufsverbände, Akademien sowie Fort- und Weiterbildungseinrichtungen aller Branchen. In seinen Seminaren, Webinaren und Vorträgen geht es um Kommunikation und Vertrieb. Sein Ansatz, Kundenbriefe mit Liebesbriefen zu vergleichen, ist am Markt wohl einzigartig. Der Titel spiegelt seine Philosophie im Umgang mit Kunden und Menschen ganz allgemein wider. Menschen gewinnt man, indem man deren Sichtweise einnimmt, wertschätzend und nutzenorientiert kommuniziert.

Sein Erfolgsrezept ist seine lockere und unterhaltsame Art, die ihn zu einem gefragten Redner für Kunden- und Mitarbeiterveranstaltungen im deutschsprachigen Raum gemacht hat. Praxistipps aus und für die Praxis – direkt umsetzbar!

PROFITIERE VON DIESEM THEMA AUCH ALS

INHOUSE-SEMINAR

Individuell abgestimmt auf Deine Mitarbeiter, Deine Wünsche, Schwerpunkte und Bedürfnisse

OFFENE SEMINAR

Ein Seminar mit Kontakten zu anderen Teilnehmern aus unterschiedlichsten Branchen – perfekt geeignet zum Netzwerken

Weitere Infos unter
www.kundenbriefe-sind-wie-liebesbriefe.de
Oder direkt per E-Mail an
interesse@heiko-t-ciesinski.de

DAS LIVE-WEBINAR

- Erarbeite und vertiefe in 3 x 90 Minuten die Inhalte des Buches anhand von Praxis-Übungen
- Du stellst Deine individuellen Fragen – und erhältst sofort Antworten
- Schicke mir vorab E-Mails oder Briefe und wir nehmen sie gemeinsam unter die Lupe
- Die Inhalte entsprechen 2 kompletten Seminartagen
- Zusätzlicher Inhalt: umfangreiche Textbausteine und viele Musterbriefe fur die gängigsten Schreiben
- perfekt zur Kundenbindung geeignet – Du erhältst dieses Webinar exklusiv für Deine Kunden mit Deinem Logo – sprich mich an

Spare satte 27 % auf das Webinar, wenn Du auf
www.Kundenbriefe-sind-wie-Liebesbriefe.de/webinar
den Gutschein-Code **20KswL19** eingibst.

DER ONLINE-KURS – EIN ABSOLUTES MUSS FÜR DIE PRAKTISCHE UMSETZUNG

- Erarbeite und vertiefe die Inhalte des Buches anhand von über 50 Kurz-Videos - Baustein für Baustein
- Die Inhalte entsprechen 2 kompletten Seminartagen
- Du erhältst ein Arbeitsbuch mit vielen Praxis-Übungen, umfangreichen Textbausteinen und Vorlagen für die gängigsten Schreiben sowie knapp über 20 Mahnschreiben
- Spieldauer uber 5 Stunden

Spare satte 27 % auf den Online-Kurs, wenn Du auf
www.Kundenbriefe-sind-wie-Liebesbriefe.de/onlinekurs
den Gutschein-Code **20KswL19** eingibst.

DAS HÖRBUCH ZUM BUCH – IDEAL FÜR UNTERWEGS – PERFEKT FÜR DIE PRAKTISCHE UMSETZUNG

- Vertiefe Dein Wissen durch regelmäßiges Wiederholen der Inhalte
- Das Buch vom Autor gelesen
- Spieldauer uber 3 Stunden
- Inklusive Download-Link
- Du willst nur den Download-Link – geht auch

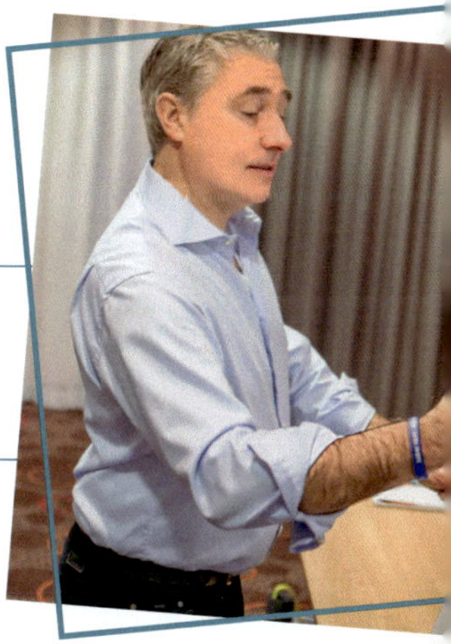

Spare satte 27 % auf das Hörbuch, wenn Du auf www.Kundenbriefe-sind-wie-Liebesbriefe.de/hoerbuch den Gutschein-Code **20KswL19** eingibst.